はじめに

生命はいつ、どこで、どのようにして誕生したのか。この人類最大の謎に挑むべく、東京工業大学、国立遺伝学研究所、産業技術総合研究所、東京大学、理化学研究所などの、惑星科学、地質学、化学、生命科学を専門とする約50名の研究者が一堂に会し、「地球と生命の起源」を明らかにする「冥王代生命学の創成」プロジェクトが2014年度から5年間にわたって実施されました。この研究プロジェクトによる最新の研究成果に基づき、冥王代の地球表層環境を具体的に映像化し、生命誕生場とそこで起きる生命誕生までのプロセス、生命と地球の共進化をわかりやすく表現したのが映像集「全地球史アトラス」です。この動画は、有限会社ライブの上坂浩光氏とともに制作され、地球の誕生、生命の誕生、そして人類の誕生から地球の未来までを描いており、YouTubeにて公開されています。

本書は、それらの映像とともに、地球と生命の歴史の解説、生命の起源や地球史に関する研究の具体的な内容、最新の学説や議論をまとめています。

2020年4月1日

丸山茂徳

平成26年度　文部科学省科学研究費補助金　新学術領域研究

「冥王代生命学の創成」

丸山茂徳
東京工業大学
地球生命研究所　主任研究者

プロデューサー
黒川 顕
情報・システム研究機構
国立遺伝学研究所
副所長・教授

ディレクター
上坂浩光
有限会社ライブ代表・映画監督
CGクリエイター
受賞歴多数

YouTube
冥王代生命学

YouTube
Hadean Bioscience

INDEX

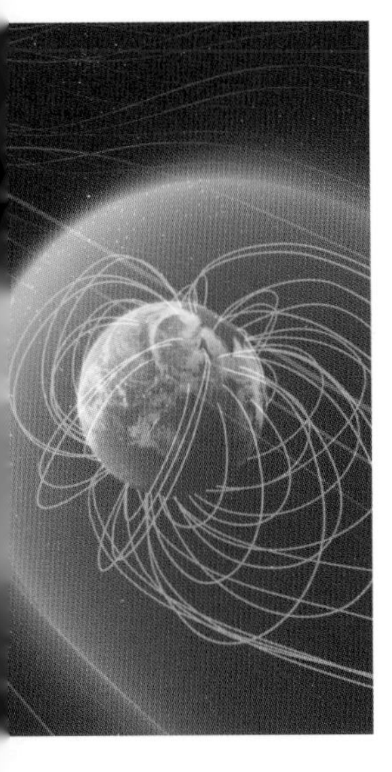

Chapter 1 地球の誕生

宇宙に浮かぶ現在の地球は、生命にあふれている

ビッグバンにより、宇宙が誕生したのは138億年前のこと、そしてビッグバンからおよそ10億年が経った頃、宇宙に初めて、恒星や白色矮星、中性子星、ブラックホール、ガス状の星間物質などからなる「銀河」が出現したとされている。

地球が誕生したのは、それからさらに92億年以上も後で、今から約46億年前のことである。誕生したばかりの原始地球は、大気や海洋を持たず、鉄とケイ酸塩でできた、非常にドライな“裸の岩石惑星”だったと考えられている。

しかし地球は、それから起こるいくつもの劇的な事象を経て、現在のような生命あふれる美しい星へと、その姿を変えていったのである。

■45億6700万年前 太陽系の誕生

矮小銀河と衝突する天の川銀河

45億6700万年前、天の川銀河が近接の矮小銀河と衝突し、「スターバースト」(爆発的に星が形成される現象)が起きた。銀河同士の衝突によって、数万年から数百万年の間に、太陽の質量の数十万倍から数億倍に相当する星が大量に形成された。その流れの中で我々の太陽系も形づくられていくこととなった。

原始星ジェットを噴き出す天の川銀河

原始太陽の北極と南極の双方向に「原始星ジェット」(原始星から放出される高速のプラズマ流)が放出され、原始太陽系円盤の内部では「双極流」(誕生したばかりの若い星から放出される分子ガスの高速の流れ)による物質大循環が起きた。

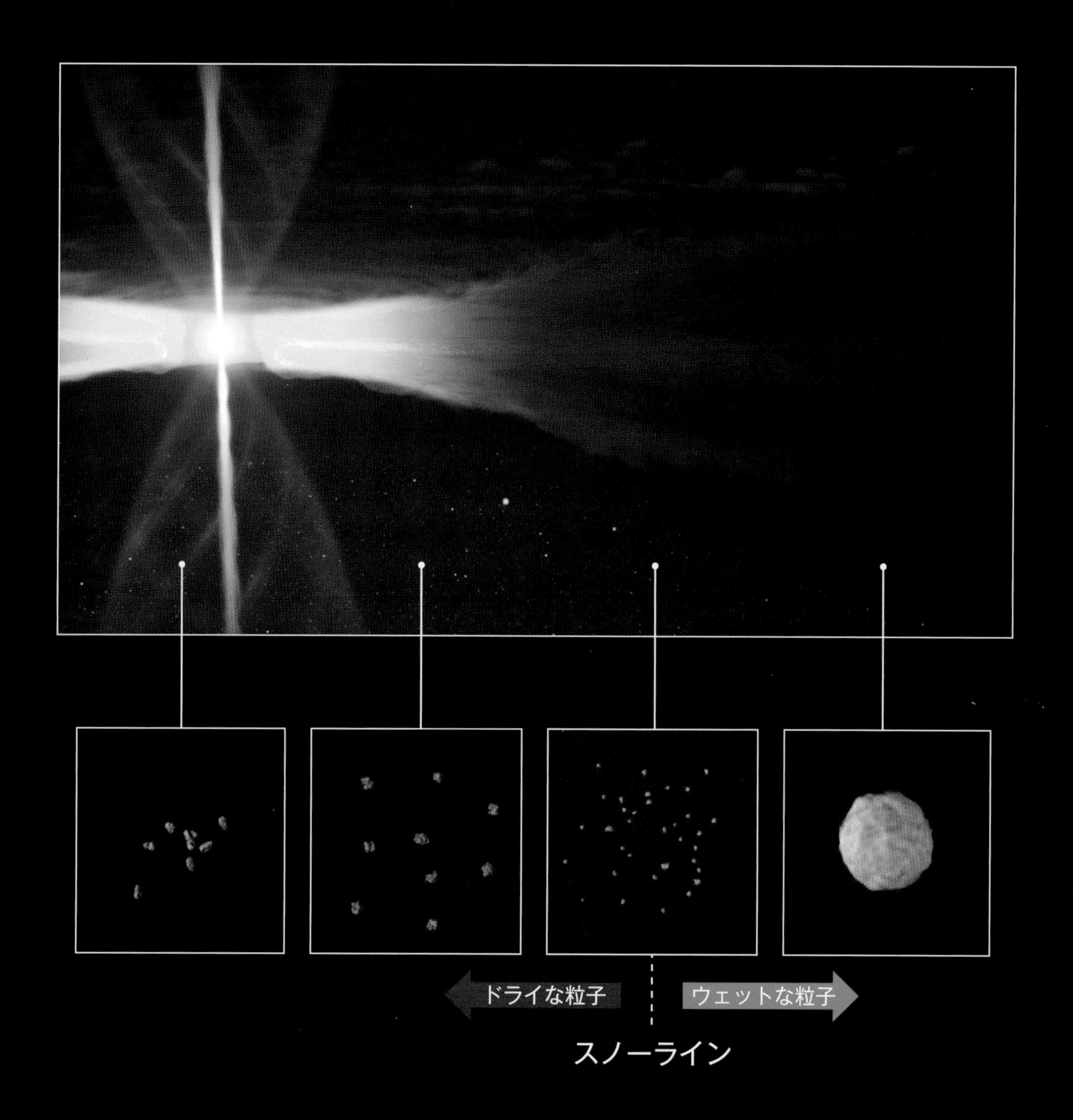

物質大循環によって、太陽系内部では物質分化が進んだ。そこでは太陽の高温にさらされて水分は蒸発し、ドライな物質だけが残った。

一方、太陽風に吹き飛ばされた水分などの揮発性成分は太陽系外側で氷や有機物などの、より低温で安定な物質とともに残った。その境界線が「スノーライン」だ。

「スノーライン」の外側には、固体の水、つまり氷が有機物とともに存在し、内側には液体の水、つまり水蒸気が存在可能である。

液体の水の安定領域は0～100℃であり、宇宙空間で液体の水の存在可能領域は極めて限定される。太陽系の場合、当時のスノーラインはは約2.7天文単位に位置する（1天文単位は地球と太陽の平均距離＝約149,597,870,700ｍ）。現在の火星と木星の間の領域である。

やがて、原始太陽の双極流が停止すると原始太陽系全体の物質大循環も停止した。そのとき、粒子密度が高い領域では、引力による衝突が繰り返し起こり、徐々に大きなかけらに成長して微惑星となった(上図の左の○の部分)。

微惑星同士の衝突がさらに繰り返され、次第に大きな惑星へと成長していった。

微惑星の衝突と惑星の成長

下の図は、小石程度の大きさだったものが微惑星へ成長していくイメージを描いたものである。小石程度の大きさの微小天体は小球であったと仮定し、それらが接近し(①)、衝突する(②)。するとそれらは粉々になる(③④)が、重力で引き合い合体していく(⑤)。このような過程を通してできあがった岩石惑星のひとつが地球である。

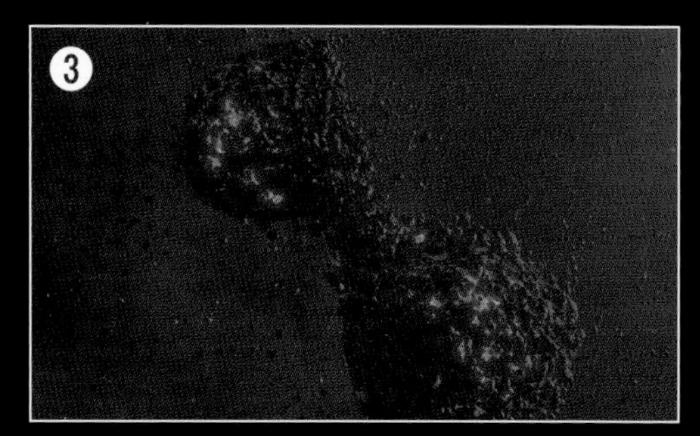

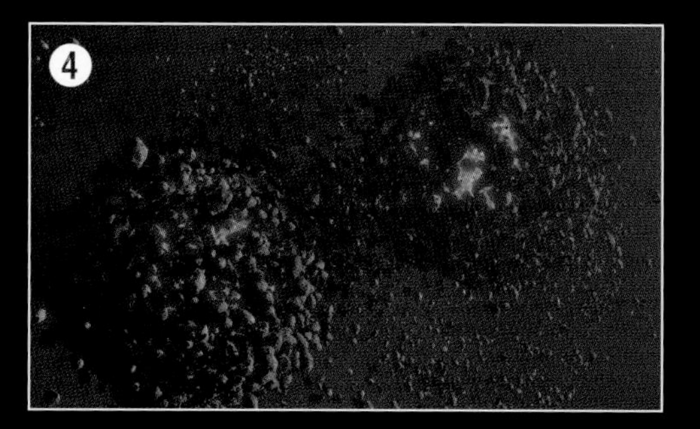

■45億6000万年前 原始地球誕生

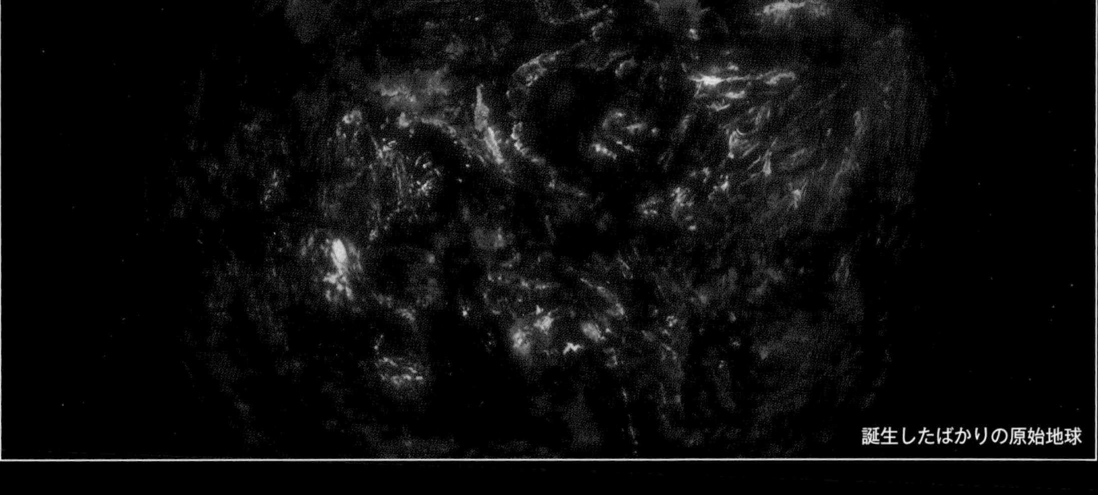
誕生したばかりの原始地球

現在と同じぐらいの大きさの原始地球が誕生した直後は、地球表層は、衝突エネルギーによる熱でドロドロに溶けた状態だった。

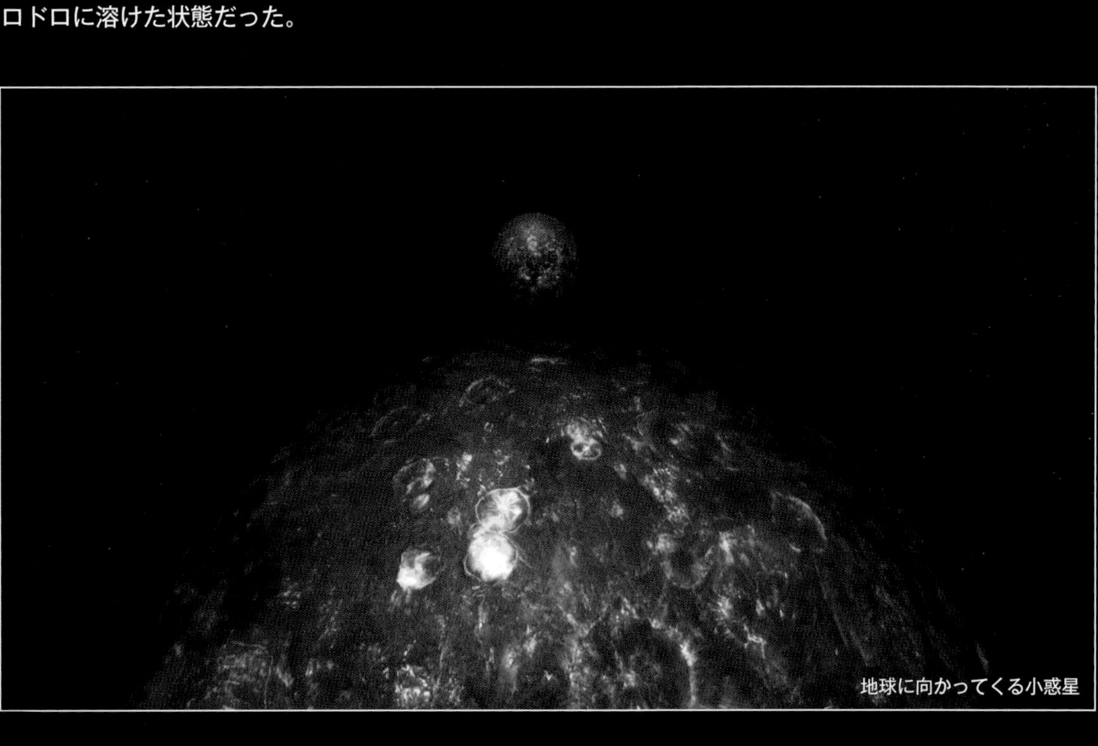
地球に向かってくる小惑星

原始地球の公転軌道上では、たくさんの小惑星が生まれていた。そのため、しばしば小惑星と原始地球との衝突が起きていた。

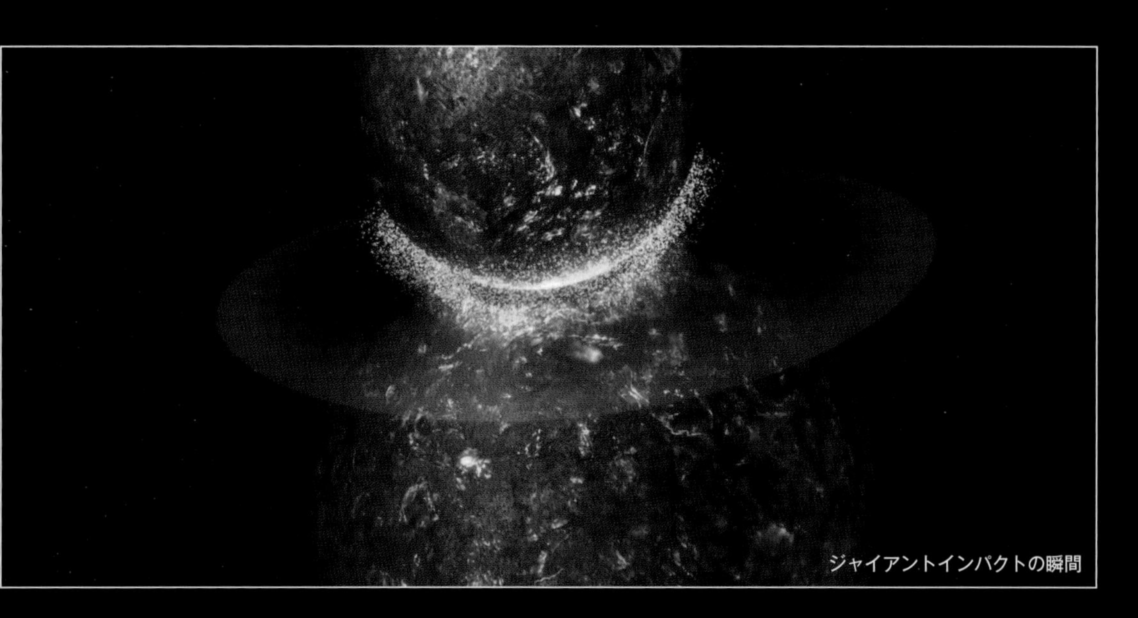
ジャイアントインパクトの瞬間

そのうちの1回の衝突が月を生み出したとされ、「ジャイアントインパクト」と呼ばれている。このジャイアントインパクトの原因となった小惑星は「テイア」と名づけられている。

COLUMN 地球のもとになった隕石の種類とは？

長い間、地球の起源物質は炭素質コンドライト㊟という隕石（いんせき）だと考えられてきた。その理由は、地球に大気と海洋があることを説明するために、炭素質隕石がもとでできたというほうが合理的だと考えられたからである。しかし、もし地球が含水量2wt%の炭素質コンドライトだけから形成されたとすると、地球は400㎞の厚さの海洋を持つことになる。したがって、炭素質コンドライトから現在のような地球ができたと考えることは非常に難しい。

では、地球の起源物質は何だったのか？　それは、エンスタタイトコンドライトと呼ばれる無水の隕石に近い物質である。このことは、地球の酸素が持つ酸素の同位体（同じ原子番号の元素の中でも中性子数が異なるもの）である$\delta^{17}O$と$\delta^{18}O$を調べることによって明らかになった。エンスタタイトコンドライトからできた原始地球は、大気も海洋も持たない裸の岩石惑星だった。

では、地球の水は、いつ、どこからもたらされたのか？　それを説明するモデルがABEL（エイベル）モデルだ。地球の水は、43億7000万～42億年前の約2億年をかけて、小惑星帯外側から飛来した少量の炭素質コンドライトによって供給されたのである（P18参照）。

㊟炭素質コンドライトとは、炭素や水などの揮発性（きはつせい）成分を2～20wt%と多く含む隕石のこと。wt%＝（溶けている物質の重量）÷（水溶液の重量）×100%。

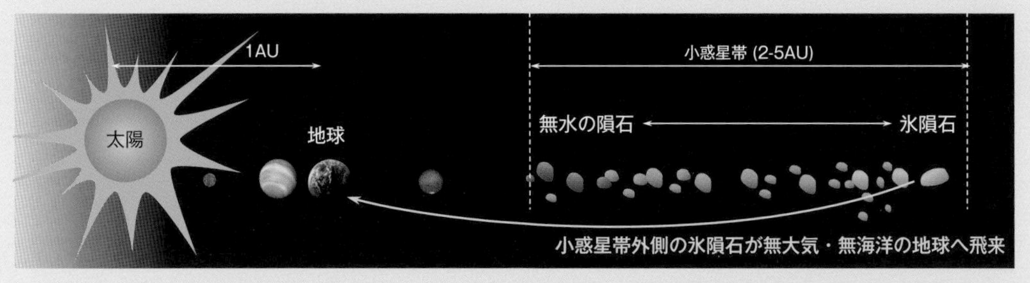

AU＝1天文単位（1AUは149,597,870,700m）

■45億5000万年前 ジャイアントインパクト

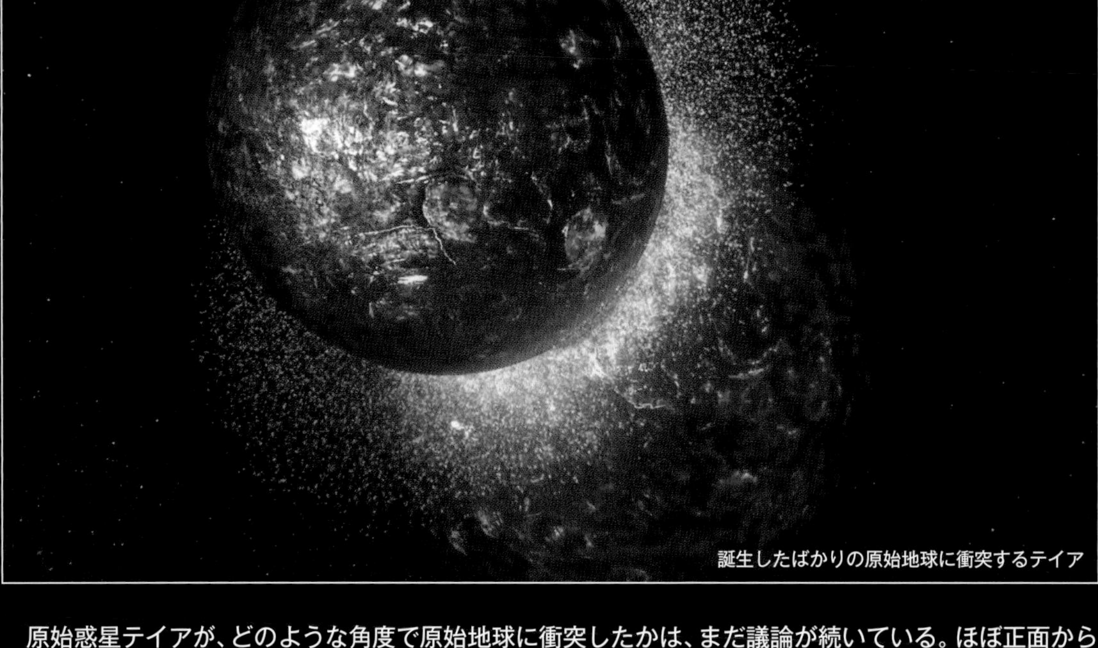
誕生したばかりの原始地球に衝突するテイア

原始惑星テイアが、どのような角度で原始地球に衝突したかは、まだ議論が続いている。ほぼ正面から衝突し、全球溶融（ぜんきゅうようゆう）したと考える研究者もいれば、原始地球をかすめる形で衝突したと考える研究者もいる。なぜなら、地震波の観測結果から、地球の核は東西対称ではないことがわかっている。核が東西非対称であるということは、地球はジャイアントインパクトの際、全球溶融しなかったことを示唆している。

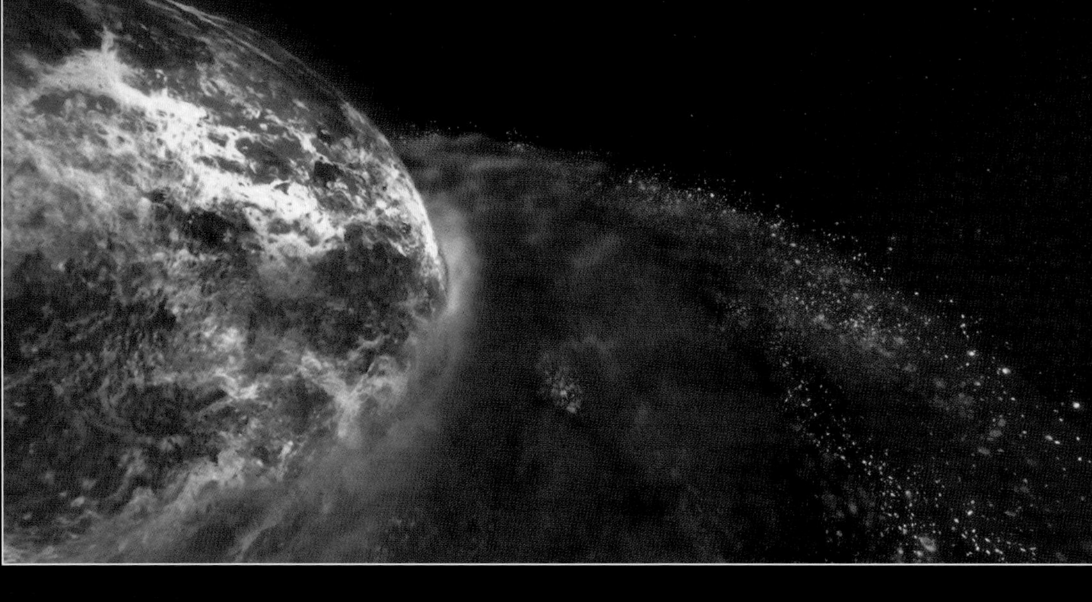

ジャイアントインパクトによって、地球のマントルは大量の破片とともに宇宙空間へ飛び散った。そしてそれらのかけらは一時期、土星の環（わ）のような円盤を形成した。

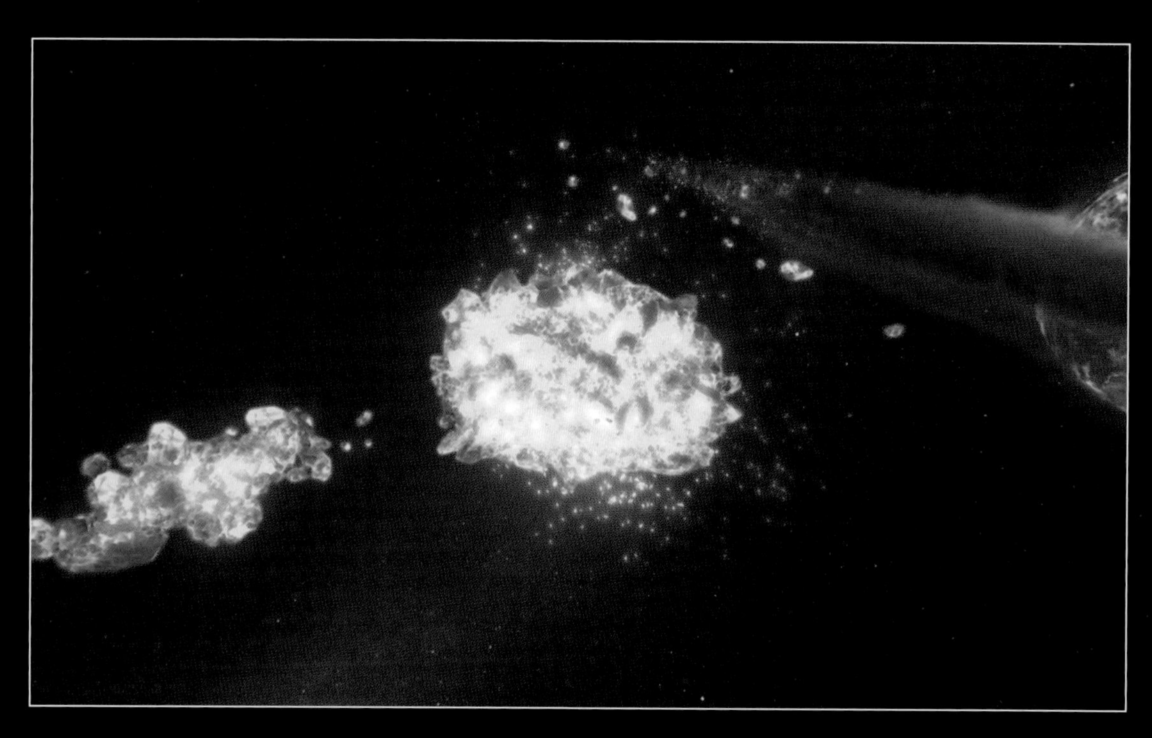

やがて地球を周回していた破片同士が衝突・合体を繰り返すことによって次第に成長し、徐々に月の形を形成していった。

こうして地球は大きな衛星としての月を持つに至った。月が誕生したばかりの頃、月と地球の距離は1万9220㎞から2万4000㎞と、現在の距離（38万4000㎞）の20分の1から16分の1程度しかなく、地上からの見かけは現在の約400倍で、10時間ほどで地球を1周していたと考えられている。

Chapter 2 プレートテクトニクスの始まり

ジャイアントインパクト直後の地球表層はドロドロに溶けた状態で水はまったく存在していなかったが、ジャイアントインパクトから100万年以内に地球が固化すると、地球の層状構造が形成された。表層全体は固くて動かない地殻に覆われ、「スタグナントリッド」と呼ばれる状態で、海洋地殻はなく、プレートテクトニクスはまだ開始していなかった。

しかし、大気も海洋も持たないまったくドライな天体だった地球に、約44億年前から2億年という時間をかけて、たくさんの微惑星や氷惑星が降り注いだ。これは「ABEL(エイベル)爆撃」と呼ばれる事象である。ABEL爆撃時に地球に飛来した氷惑星の多くは、スノーラインの外から飛来した氷と有機物に富む小天体だった。つまり、地球は飛来した微惑星や氷惑星によって水と生命構成物質を得たのだ。そして、海の誕生によってプレートテクトニクスが機能し始めた。

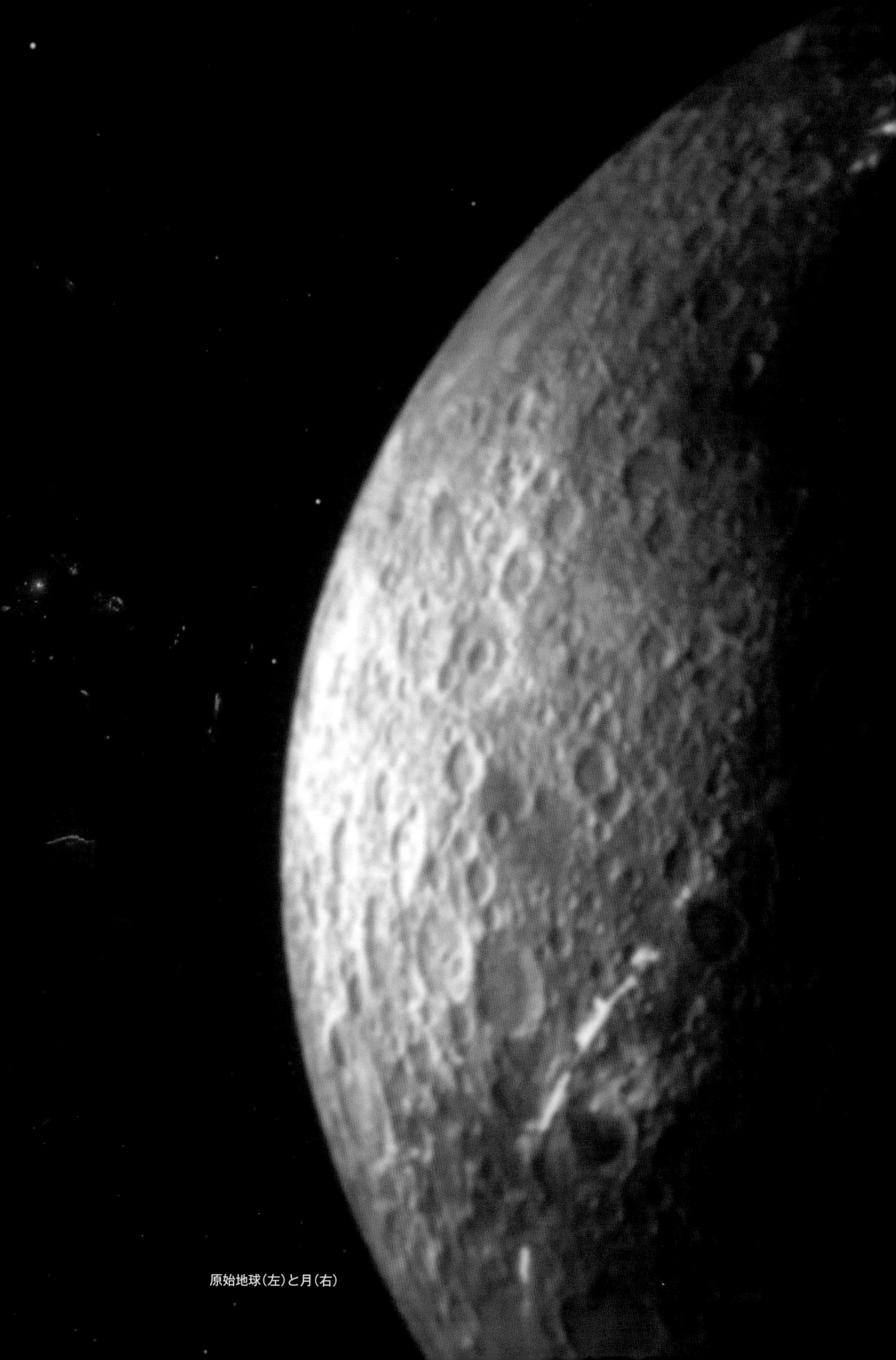

原始地球(左)と月(右)

■43億7000万～42億年前 大気と海洋の誕生

地球に降り注ぐ氷惑星や微惑星

大気・海洋を持たないドライな裸の岩石惑星として生まれた地球に、スノーラインの外からウェットな微惑星や氷惑星が飛来した。これがABEL（エイベル）爆撃と呼ばれる事象である。ABEL爆撃によって、地球は二次的に大気・海洋成分を得ることになった。

ABELモデル、ABEL爆撃とは

ABELとはAdvent of Bio-elementの略で、生命構成元素の降臨という意味。ABELモデルは、2017年に論文発表された最新の地球形成モデルの名称である。

ABELモデルによれば、地球はもともと無大気・無海洋のドライな裸の岩石惑星として生まれた。なぜなら、地球軌道は太陽に近いために、揮発性（きはつせい）元素は存在できず、原始地球誕生時に大気・海洋成分を獲得することは一切できない。地球の起源物質となるのはエンスタタイトコンドライトと呼ばれる無水の隕石（いんせき）に近い物質なのである。

その後、約43億7000万年前から、炭素質コンドライトと呼ばれる水分（大気・海洋成分）を多く含む物質が、小惑星帯外側から飛来した。

これらのウェットな氷惑星が約2億年にわたって地球に飛来したことによって、地球は徐々に大気・海洋を形成していった。大気・海洋成分は、CHON（炭素、水素、酸素、窒素）であり地球生命の主要構成元素である。そこで、生命構成元素の飛来（降臨）という事象の重要性から、このイベントをABEL爆撃と呼ぶ。

地球がドライな星からウェットな星へと2段階で形成されていったことは、地球生命の代謝活動を可能にするために最も重要なプロセスである。なぜなら、まったく水分のない状態（還元状態）にあるリンと、水が反応することが生命による代謝の先駆けとなる化学反応であり、この反応なくして代謝活動は始まらないからである。

▲ABEL爆撃によって、地球表層に大気・海洋成分が蓄積されていった。

ABEL爆撃によって、地球表層に大気・海洋成分が徐々に蓄積すると、ようやく大気や海洋が形成され始めた。

こうして誕生する原始大気には、まだ遊離酸素はまったく含まれておらず、また、原始海洋は、超酸性、超高塩分、かつ重金属元素を多量に含んだ猛毒の海だった。

◀地球に飛来した小天体の中には直径1000㎞にも達するものもあった。このような巨大隕石が衝突すると、衝突場の物質は一気にプラズマ化した。

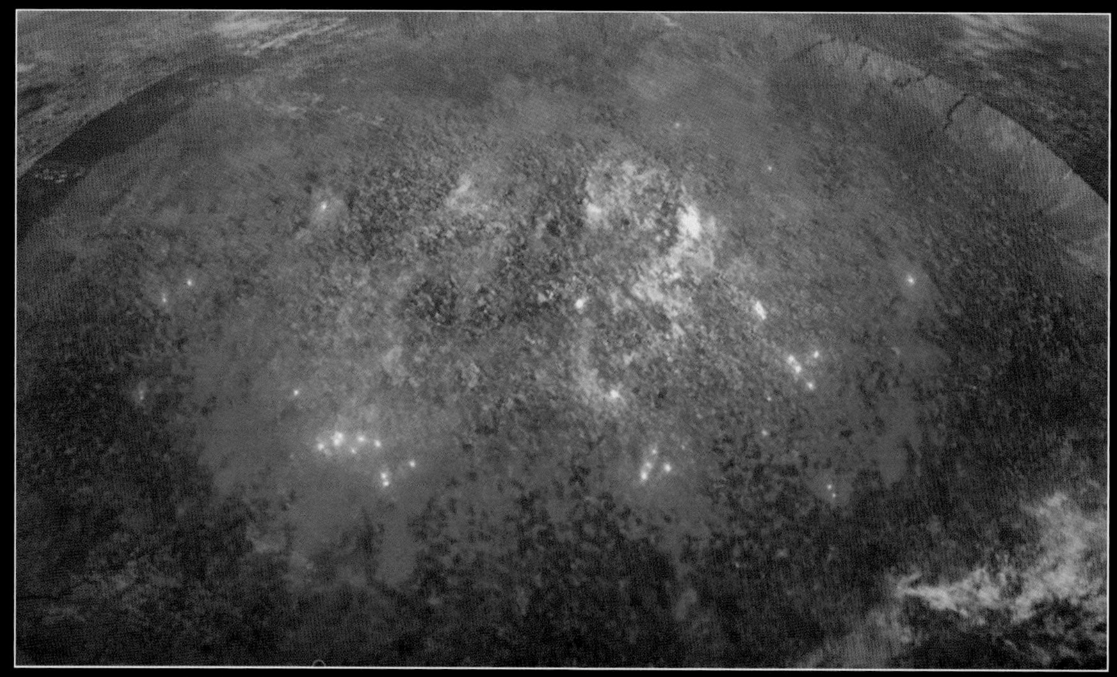

▲衝突によってできたクレーターはマグマで覆われ、その直下ではマントルの上昇が始まった。

■43億7000万～42億年前 プレートテクトニクス開始

クレーター内部に水がたまり、それが大きな海洋へと成長する。

43億7000万～42億年前、ABEL爆撃によって大気と海洋が形成された。

この海洋の形成によって、地球では、「プレートテクトニクス」が始まった。

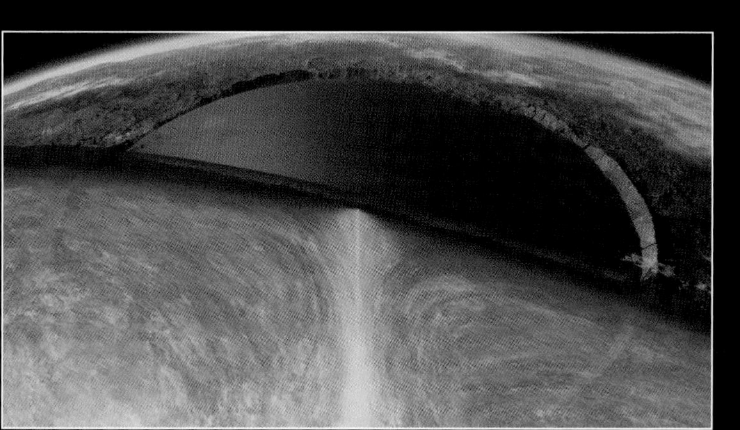

ABEL爆撃によって小惑星が地球に衝突すると、地球表層部は破壊される。そして衝突の衝撃によって、地球マントルがリバウンドし、上昇するマントル対流をつくり出す。こうしてできるマントル対流が、中央海嶺を形成し始めた。

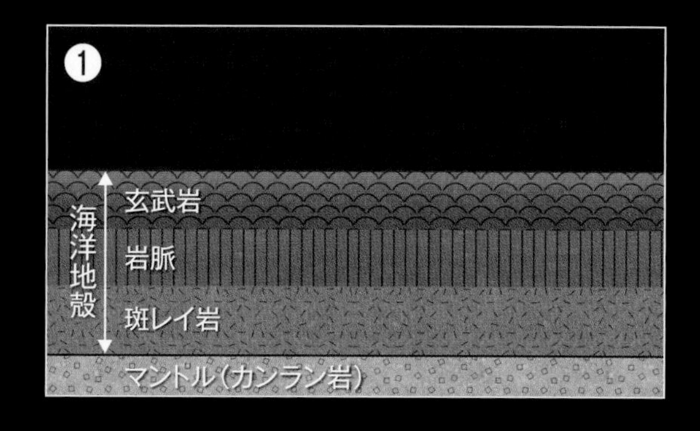

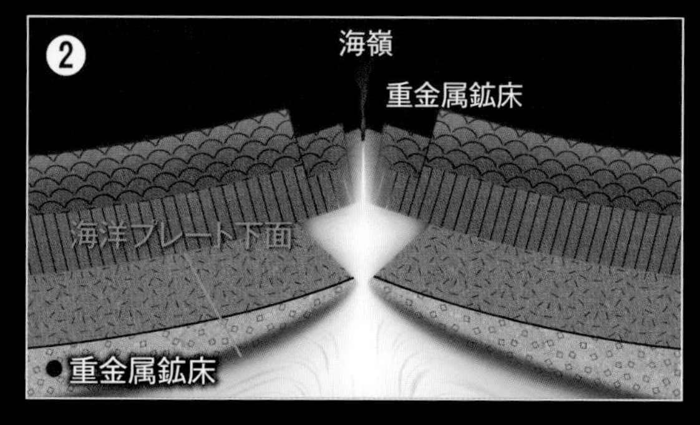

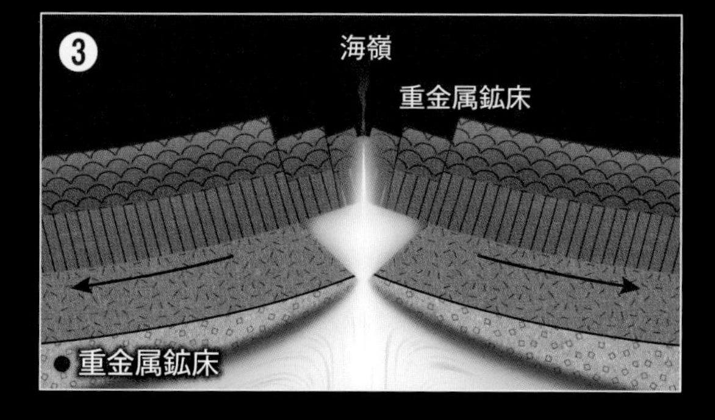

マントル(固体)が地下深部から上昇してきて、海底に「裂け目(海嶺)」を形成した(②)。海嶺でマグマが固化すると海洋地殻が形成される。そのときに、海洋地殻表層部と海水が化学反応することによって含水鉱物がつくられ、含水海洋地殻が形成される。海嶺深部から上昇するマントルがプレートを押し上げるため、プレートは自己重力によって滑り始め、プレートテクトニクスが開始した(③)。含水海洋地殻は、プレートが沈み込む過程で脱水反応を起こし、プレートの上部に流体を放出し、潤滑油の役割を果たす。したがって、中央海嶺を覆うほどの深さの海洋が出現して初めて、プレートテクトニクスが機能し始めるのである(④)。

(注)海洋地殻と海洋プレートは何が違うのか?

地球の内部構造は、構成物質によって大きく三層に分かれている。(1)金属からなる核、(2)主にかんらん岩からなるマントル、(3)玄武岩や花崗岩からなる地殻、である。地殻のうち、玄武岩だけからなる地殻は海洋地殻と呼ばれ、主に海洋底をつくっている。海洋地殻の下には、かんらん岩からなるマントルがあるが、かんらん岩は800℃になると水あめのように柔らかくなる。一方、800℃より低温の部分は硬い岩盤のままである。つまり、地球全体を見たときに、岩石の種類とは無関係に、硬い岩盤部と、水あめのように流動的な部分に分かれる。硬い岩盤部分はプレートと呼ばれ、流動的な部分はアセノスフェアと呼ばれている。海洋地殻とマントルの境界を海洋プレート下面だと勘違いしている人が極めて多いが、それは誤りである。

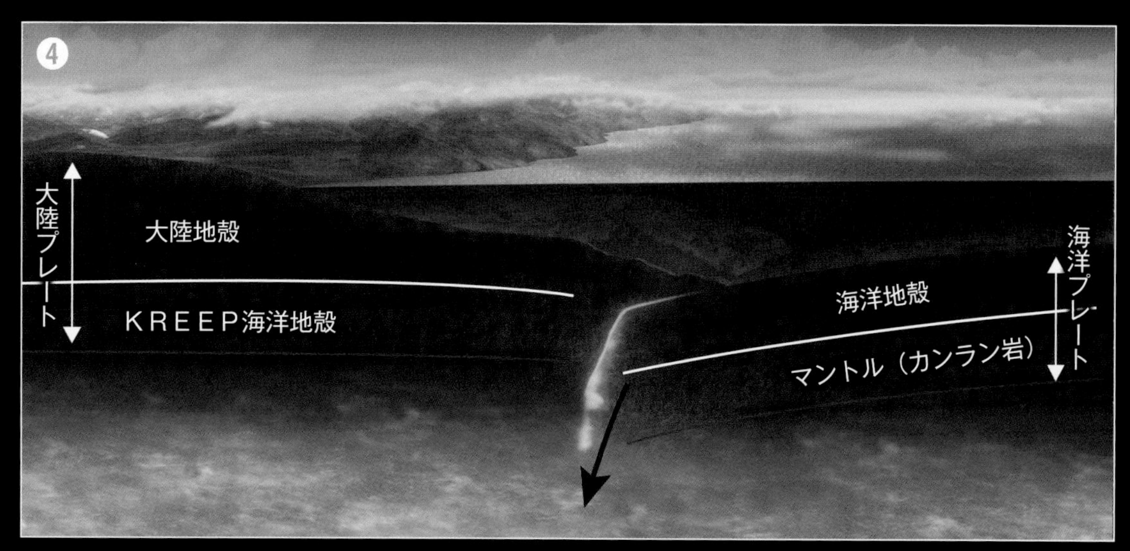

海洋プレートは、大陸プレートより密度が高い。そのため、重い海洋プレートは大陸プレートの下に沈み込んでいった。こうしてプレートテクトニクスが機能し始めた。

風化侵食運搬作用によって陸上から海洋に運び込まれた砂や泥などの堆積物は、超酸性の海水と反応し徐々に海を中和させていった。

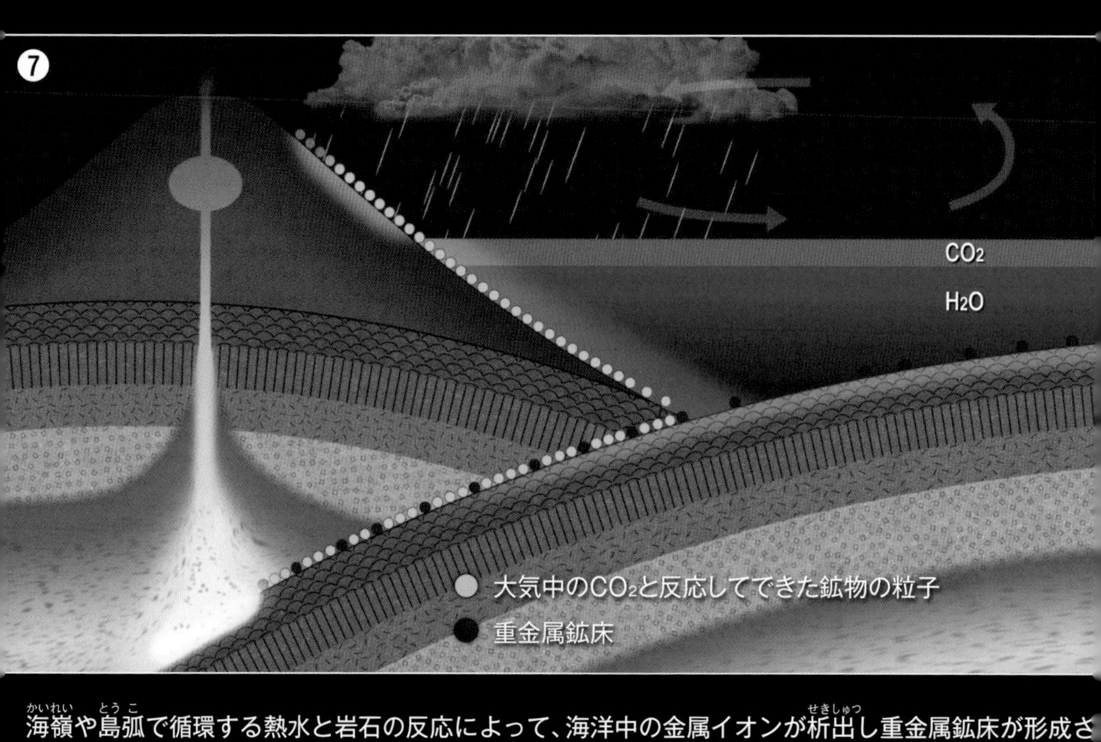

海嶺や島弧で循環する熱水と岩石の反応によって、海洋中の金属イオンが析出し重金属鉱床が形成される（図中の黒丸）。猛毒海洋をつくっていた重金属イオンが海水から除去され、プレートテクトニクスによってマントル深部へ輸送されると、海は次第に浄化されていった。一方、大気中のCO_2と反応して大陸上で形成された炭酸塩鉱物（図中黄丸）は、風化侵食作用ののち海洋に運搬され海底に堆積し、プレートテクトニクスによってマントル深部へと運ばれた。重金属元素同様、大気中のCO_2もマントル深部へと輸送されたのである。

一方、初期の原始海洋はドライアイス（固体CO_2）で覆われていたのではないかと考えられている

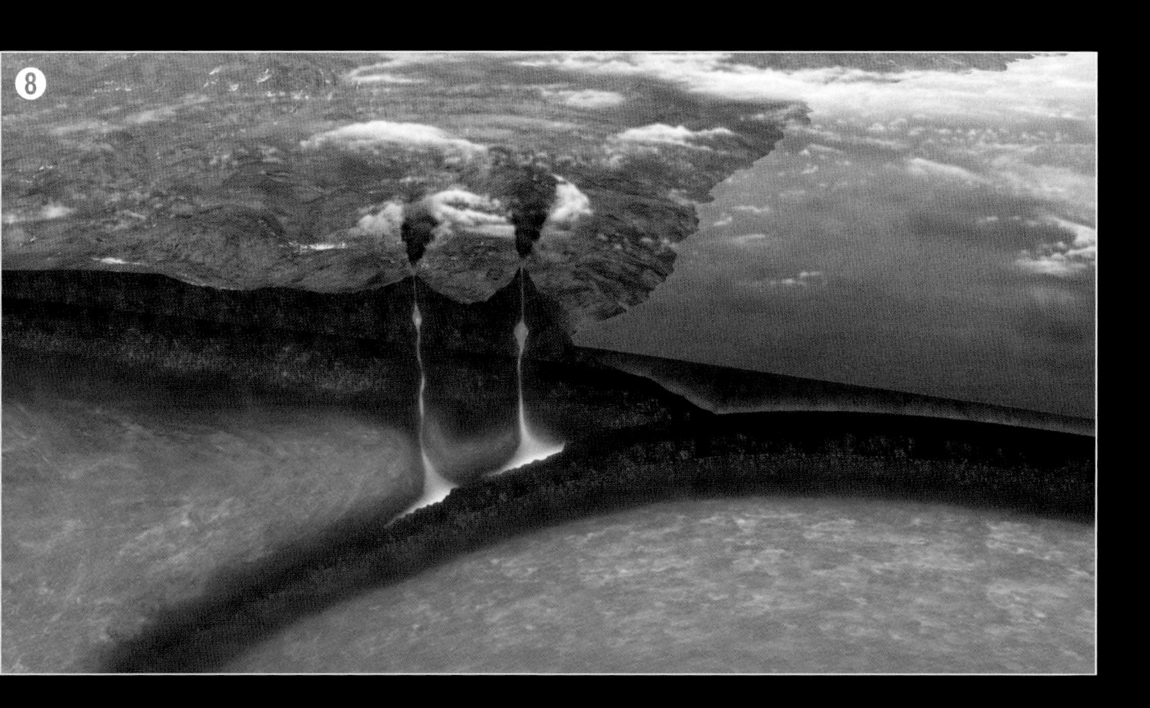

プレートテクトニクスが開始したことによって、原初大陸は次第に破壊された。原初大陸の破片は継続的にマントル深部に輸送され、最終的にコア直上へと崩落した。そしてコア直上では、放射性元素に富んだ原初大陸が発熱することによって、核の外縁部の溶融が進んだ。その結果、液体の外核が形成され、そこで発生した電流が強い磁場を生み出した。これが地球磁場を形成したプロセスである。

プレートテクトニクスによって海は浄化され、磁場の形成によって地表に降り注ぐ宇宙線が緩和された。こうして、地球表層には、生命の誕生と進化を可能にする環境が整っていった。

■地球磁場の誕生

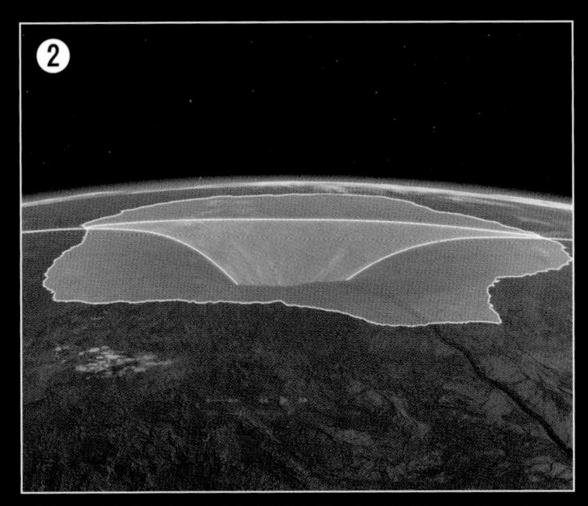

▲プレート沈み込み帯で進行する構造侵食によって、原初大陸は削られ、削り取られた大陸物質は、地球内部へと運び込まれていった。

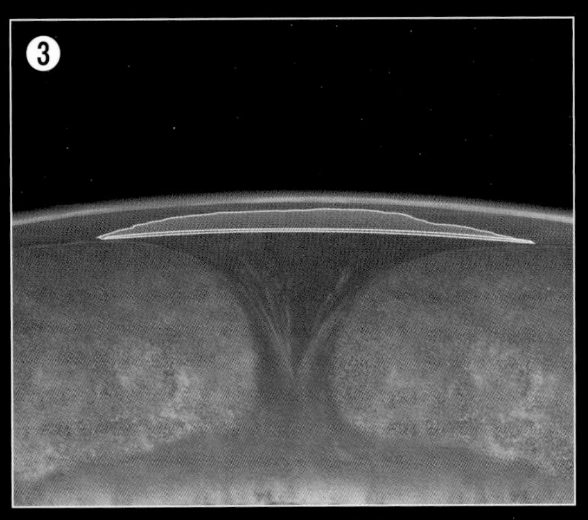

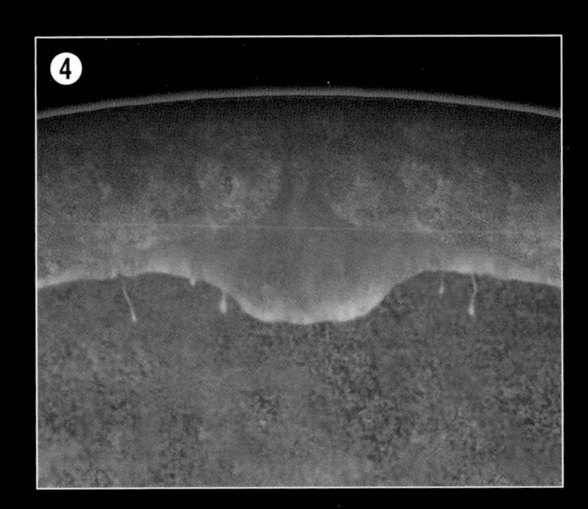

▲次第にマントル深部に沈みゆく原初大陸。

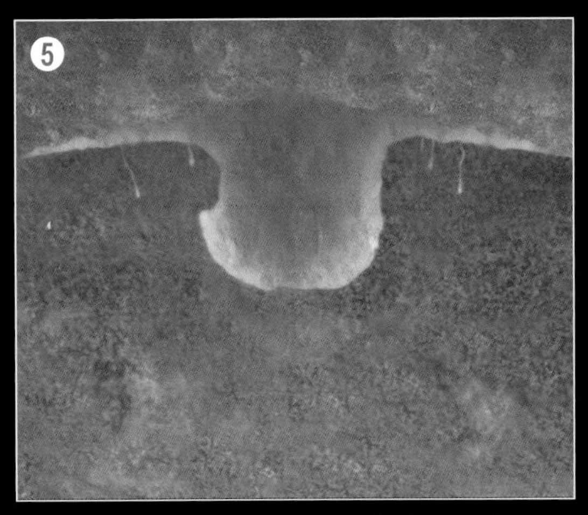

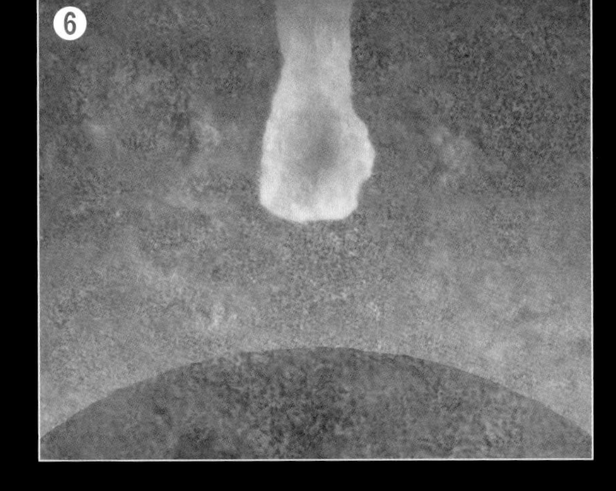

▲沈み込んだ原初大陸はコアに向かって落下していった。

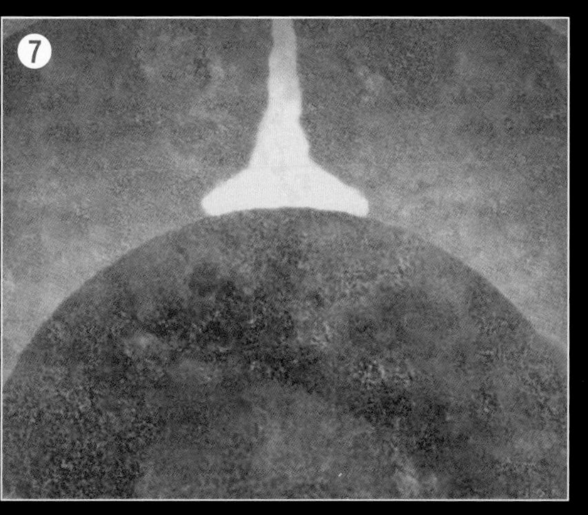

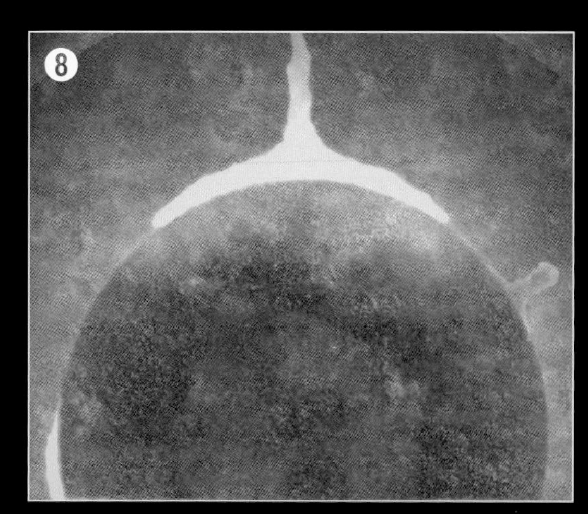

▲原初大陸には、放射性同位体元素が多く含まれていたため、自己発熱してコアの上部を溶かした。

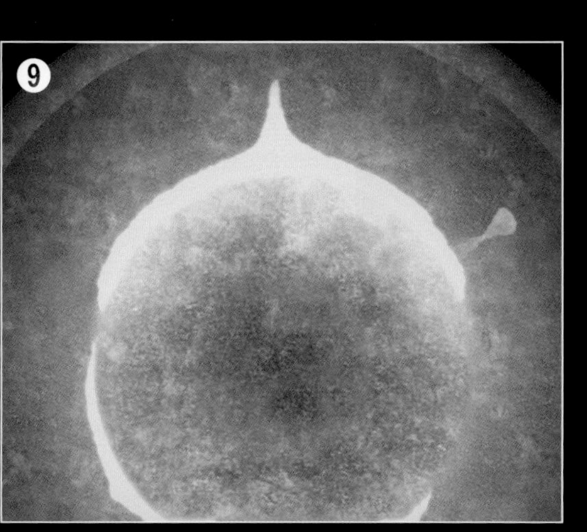

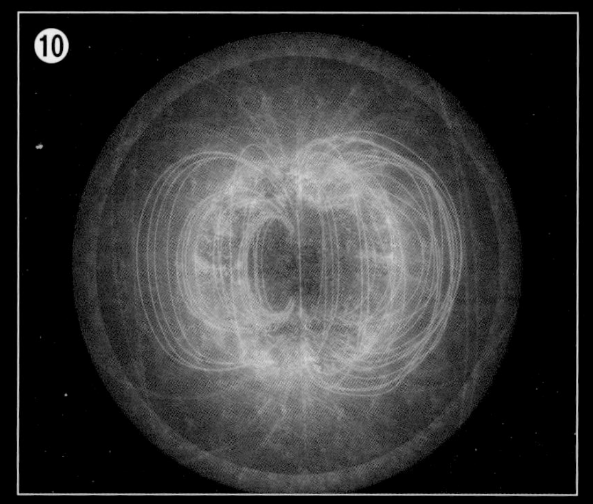

▲コア上部が溶け、流動的になったことにより、42億年前頃に強い磁場が生まれ、地球の表層環境を守る強固なバリアとなった。

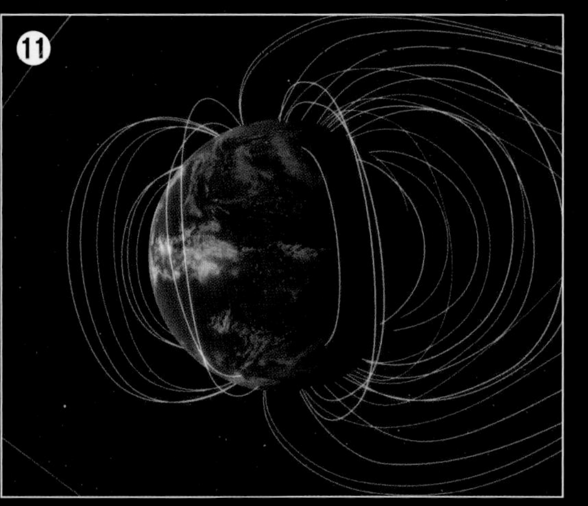

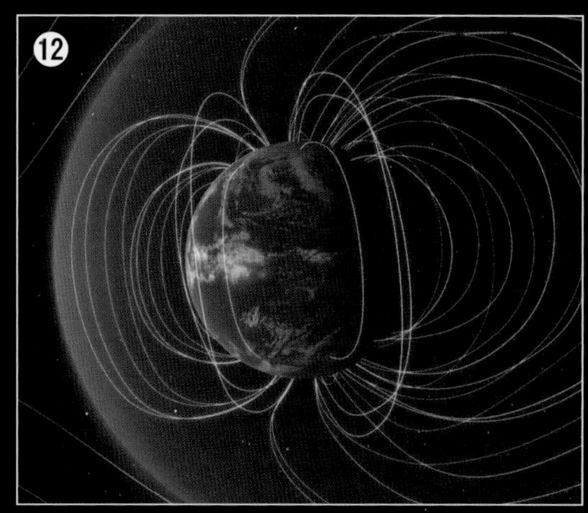

▲磁気バリアができたことで、地球表層は有害な太陽風にさらされることがなくなった。

COLUMN ①地球システムと階層構造

システム（系）とは、「一定の空間において、複数の要素から構成され、全体としてある一定の機能を持ちながら活動している系」のことである。システムを構成する要素そのものがシステムである場合があり、その場合、その要素は、全体のシステムと区別するために、サブシステムと呼ばれる。大きなシステムの中に小さなシステムが含まれるということは、システムが階層性を持つことを意味している。

地球も非常に大きなシステムのひとつであるといえる。地球を構成している要素は様々で、人間も地球を構成する要素のひとつであり、大気や海洋、マントルも構成要素のひとつである。それらをまとめると、地球は５つのサブシステムから成り立っているといえる。

①磁気圏、②表層環境圏（生物圏を含む）、③地殻・上部マントル圏、④下部マントル圏、⑤核圏、である。

これら５つは大局的には独立しているように見えるが、それぞれ互いに関係し合いつつ全体としてひとつの「地球システム」を形成している。

システムの動きは、入力に対する出力（応答）と考えることができる。

外部とのやりとりがあるシステムは「開放系」と呼ばれる。一方、システムの入力と出力が釣り合った状態にあると、システム全体としては見かけ上、変化していないように見える。そのような見かけ上一定の状態にあることを「動的平衡」と呼ぶ。

では、システム変動とはいったいどのようなものなのか？

例えば、太陽系近傍で起きる超新星爆発によって大量の宇宙線が地球システムに流入すると、それに対する地球の応答として、サブシステムのひとつである表層環境圏が変化する。

具体的には、宇宙線によって地球を覆う雲が増加し、そのことによって太陽光の地表への入射が遮られるため気温が低下する。その結果、表層環境圏に内包される生物圏に影響を与える。気温低下によって全球凍結に陥れば、生物は大量絶滅し、生物圏は大きく縮退する。

このように地球システムは、太陽系や銀河系と深く結びついている。

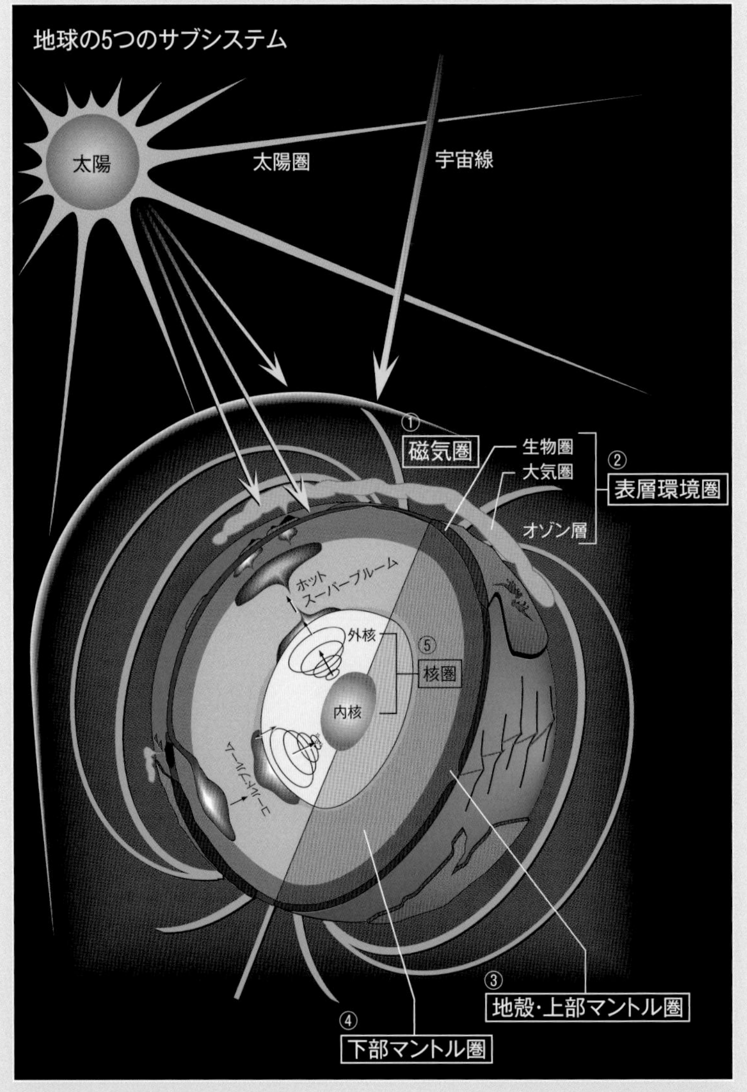

図版作成：渡邉志緒

②地球の時代区分と生命進化

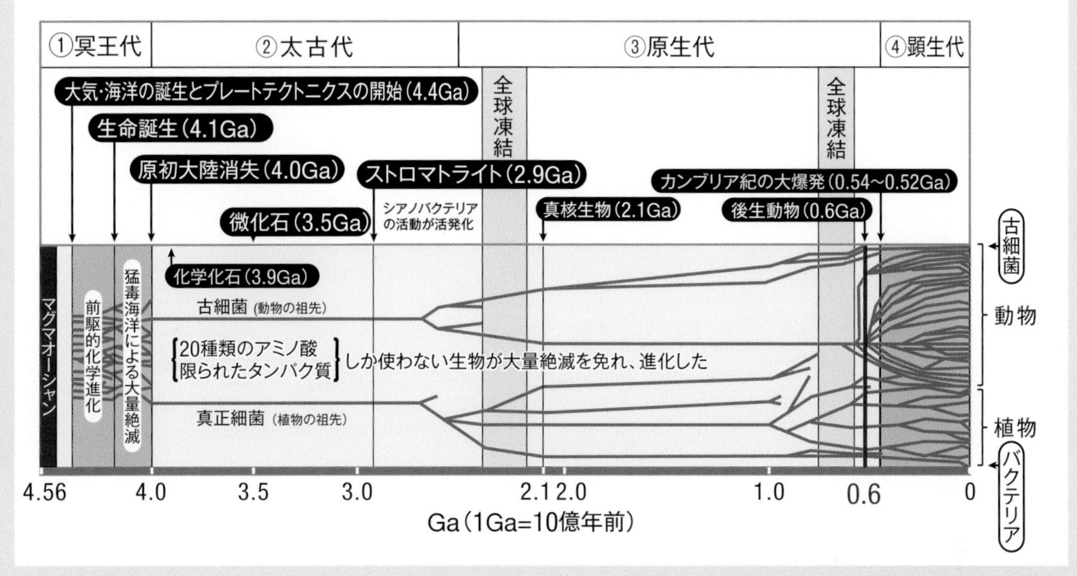

『地球史を読み解く』(放送大学教育出版会)を一部改変

地球の歴史を理解するためには、年代を区分することが必要である。そうした時代区分のことを地質年代と呼ぶ。

地質年代は、化石や環境変動などの地質学的な記録に基づいて決められたもので、大きく分けて4つの時代に分けられる。それらを古い順に挙げると次のようになる。

①冥王代(めいおうだい):46億～40億年前までの時代。40億年前より古い時代の岩石は、数㎜サイズのジルコンの結晶粒を除くと、現在の地球上には残っていない。
②太古代:40億～25億年前までの時代。太古代の岩石は、カナダ、グリーンランド、オーストラリア、ブラジル、インドなどいろいろなところに残っている。
③原生代:25億～5億4200万年前までの時代。大きな大陸ができるようになった時代である。この時代の岩石は太古代の岩石よりもっと多く残されている。
④顕生代(けんせいだい):5億4200万年前から現在までの時代。顕生代とは、肉眼で見える生物が生息している時代という意味である。肉眼で見える大きさの生物化石が多数残されている。

生命の誕生は、たとえると１台の完成車のようなものである。車はネジやバネといった簡単な部品からエンジンや制御システムなどのより複雑な「部品の集合体」をつくり、それらが集まって1台の車が完成する。生命も同様で、アミノ酸や原始タンパク質などの比較的簡単な有機化合物から次第に複雑なビルディングブロック(生命構成単位)を合成し、最後にRNAやDNAをつくり、前駆的化学進化を通して最終的に生命の誕生に至る。

様々な厳しい条件をクリアし、冥王代末期に生まれた原始生命(コモノート＝全生物共通の祖先の生物)には無数の種類があっただろう。

しかし、せっかく誕生したコモノートは大量絶滅でほとんどが死滅した。地球の当時の海洋は猛毒だったからである。しかし、多種多様なコモノートの中には、厳しい環境を生き残る術(すべ)を身につけたものがあり、それらが生き残って古細菌と真正細菌へ進化したと考えることができる。

上図は、その仮説を表にしたもので、古細菌はのちに動物へと進化を遂げる原核生物の祖先である。それに対して真正細菌は植物へと進化したと考えられている。この2種類のコモノートは、おそらく20種類のアミノ酸しか利用しなかったため、そこから進化した現存の地球生物たちは、同様に20種類のアミノ酸しか使うことがないのだろう。

Chapter 3 原始生命誕生

原始地球の地表部

地球誕生から40億年前までの約6億年間は「冥王代」と呼ばれている。冥王代の地球表層は現在とはまるで異なる。現在の地球上では大陸は花崗岩でできているが、冥王代最初期（46億～44億年前）にはまだ花崗岩という岩石は生成されていない。冥王代の原初大陸を構成していたのは、アノーソサイト、KREEP玄武岩、コマチアイトの3種類の岩石㊟だったが、プレート運動が始まると、花崗岩が少しずつ増加した。

原初大陸には大量のウランが含まれていた。放射性元素であるウランはイオン半径が大きいために、岩石の構成成分として取り込まれにくく、マグマオーシャンが固化する過程でマグマの最終残液に濃集したため、大陸地殻に普遍的に存在していた。ウランの濃集場はウラン鉱床をつくり、強力なエネルギー源として生命の誕生を支えた。

㊟アノーソサイト＝ほぼ斜長石のみからなる粗粒の深成岩／KREEP玄武岩＝K（カリウム）、レアアース（REE）、P（リン）に富む玄武岩／コマチアイト＝高温のマントルから形成される火山岩

■生命を生んだ間欠泉

原始地球の地表では、間欠泉が激しい勢いで噴き出していた。この間欠泉内部で生命の源となる物質がつくられていった。

■間欠泉による「酸化⇔還元サイクル」

間欠泉内部の水は、100℃になるとガス化し、一気に体積が1000倍に膨張するために地上に噴出する。そして、空洞になった間欠泉内部には、再び地表から水が流れ込み、地下の熱源によって100℃に熱せられると再び間欠泉が噴出する。これが間欠泉の原理である。

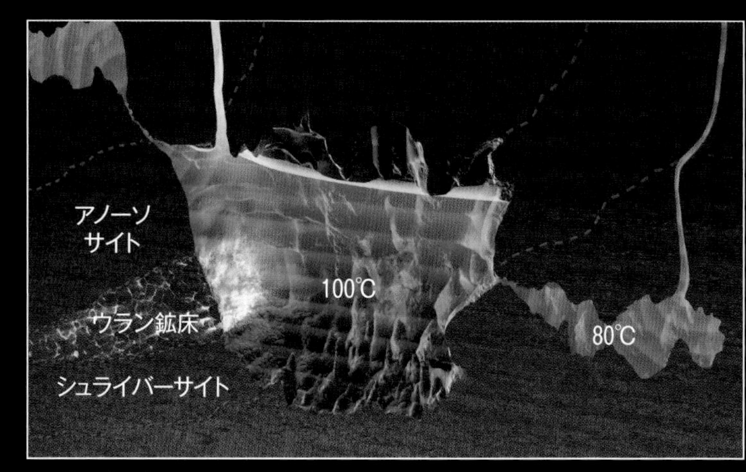

▲原始地球の地表では、間欠泉が激しい勢いで噴き出していた。
この間欠泉内部で生命の源となる物質がつくられていった。

マグマが熱源となって間欠泉を駆動している有名な例は、アメリカのイエローストーン国立公園で見ることができる。

一方、冥王代の生命誕生場で間欠泉を駆動したのはウラン鉱床と間欠泉が組み合わさった自然原子炉間欠泉である。ウラン鉱床から供給される熱が駆動力となり、間欠泉内部の物質を定期的に地表に噴き上げた。この周期的な間欠泉の噴出によって、水の温度は100℃を超えることはなく、つくられた有機分子が高熱によって壊れることはなかった。

COLUMN 自然原子炉間欠泉モデル

自然原子炉とは、自然界で自律的に核分裂反応が起こっているウラン鉱床のことである。自然原子炉は、現在の地球上には存在していないが、約20億年前までは存在していたことがわかっている。最も有名な例は、中央アフリカのガボン共和国にあるオクロの自然原子炉である。

自然原子炉は、原子核が分裂して、より軽い元素を2つ以上つくる反応である核分裂反応によって機能する。その際、強力な電離放射線が放出される。電離放射線は、分子や原子をイオン化する力がある。そのため、CO_2やN_2などの不活性分子も十分活性化され、様々な化学反応に寄与する。

アミノ酸を実験室で再現してみせたユーリー・ミラーの実験では、強力な放電によってアミノ酸の合成に成功したが、自然原子炉が発する電離放射線もまた放電と同様の役割を果たす。

冥王代の地球上では、下図に示すように、自然原子炉の電離放射線が、アミノ酸合成や複雑な有機化合物の合成に大きく貢献したはずである。自然原子炉が放つ強力なエネルギーと、それによって駆動される化学反応、さらにエネルギーと物質が循環する場として間欠泉と組み合わせ、生命誕生場として新たに提案されたのが「自然原子炉間欠泉モデル」である。自然原子炉間欠泉内部では、簡単なものから複雑なものまで、多種多様な生命構成物質が生産され、生命誕生に向けた前駆的な化学進化が進んだのだろう。

間欠泉の原理

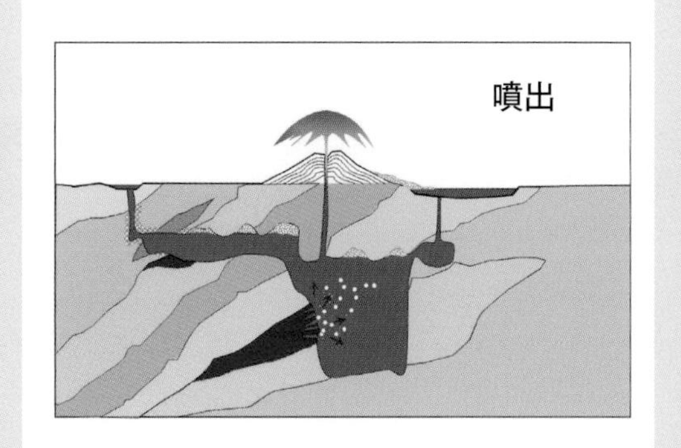

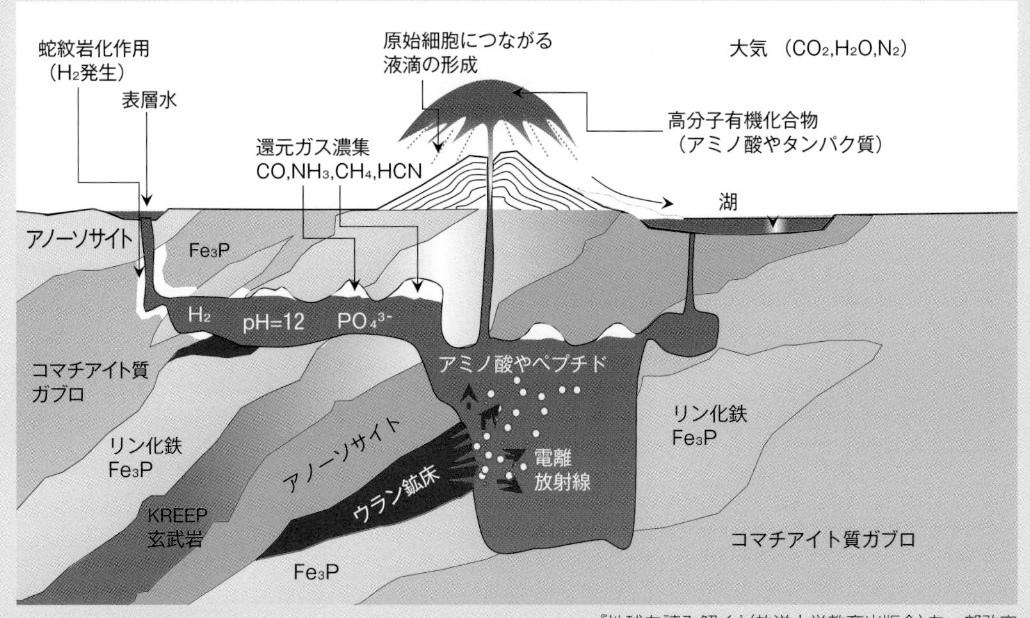

『地球を読み解く』（放送大学教育出版会）を一部改変

■月も生命の誕生に関係していた

原始生命誕生には、月も大きく関係した。当時、月は地球により近い軌道を周回していた。そのため、月の潮汐力は今よりもはるかに大きく、大きな潮の満ち引きが生じた。

潮の満ち引きによる乾湿サイクル

この時代の地球は猛毒の原始海洋に覆われていたが、海洋から蒸発した水蒸気が雲をつくり、雨となって陸上に降り注ぐと、淡水の湖水環境が陸上に無数につくられた。

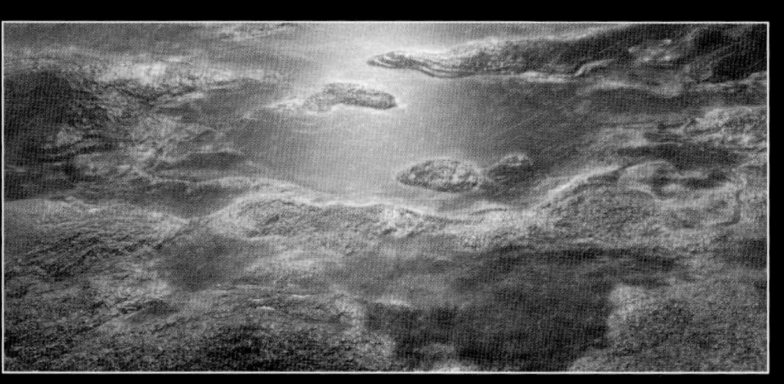

その水際では、月の強力な潮汐力によって大きな満ち引きが生じた。そこでは、乾湿サイクルが繰り返し起こり、様々な生命構成単位を合成する大切な場となった。

■原始地球で生まれた複雑な分子構造

間欠泉を中核としたエネルギー・物質循環の場で、様々な生命構成単位がつくられていった。

間欠泉内部の還元環境と冥王代表層の酸化環境、多様な岩石や鉱物が金属元素を提供し、強力なエネルギーが様々な有機化合物の合成を促進した。

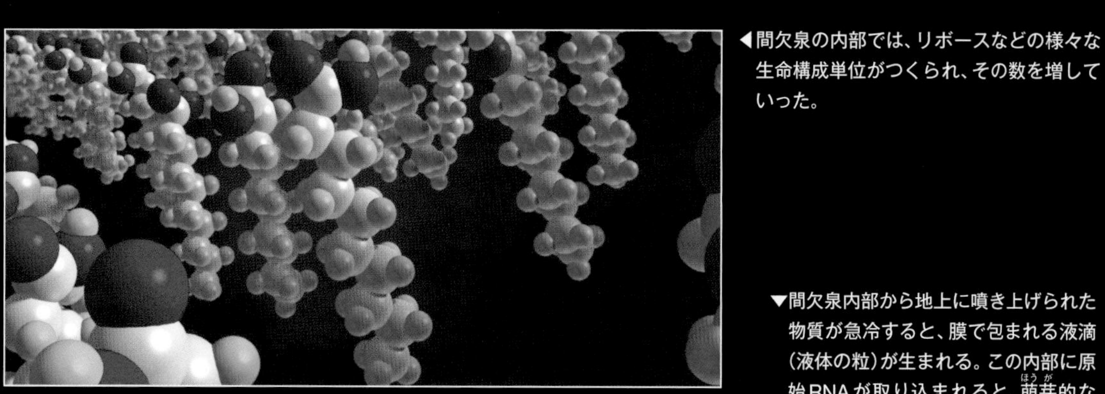

◀間欠泉の内部では、リボースなどの様々な生命構成単位がつくられ、その数を増していった。

▼間欠泉内部から地上に噴き上げられた物質が急冷すると、膜で包まれる液滴（液体の粒）が生まれる。この内部に原始RNAが取り込まれると、萌芽的な細胞の誕生である。

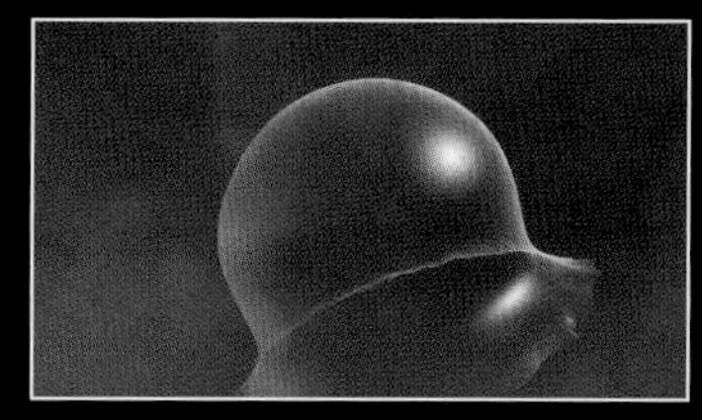

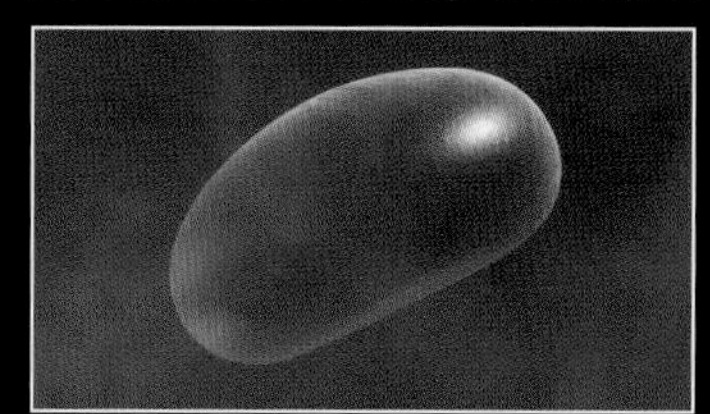

◀生命を包む膜の構成物質である脂肪酸もつくられ、その集合体がより複雑な膜の構造を形成していった。

■触媒活性を持つ「タンパク質様原始物質」の出現

▲乾湿サイクルが繰り返される中で重合反応が進んでいった。

地表でウェットとドライな状態が繰り返されることで「重合反応」が進む。重合反応とは、複数の分子が化学的に結合して、より分子量の大きい分子化合物をつくる反応のことである。その過程で、例えば、2個以上のアミノ酸が結合して「オリゴペプチド」などの分子ができあがり、それらがさらに重合反応することによって「触媒活性を持つタンパク質様原始物質」も生み出されていった。

触媒とは、一般に特定の化学反応の反応速度を速める物質で、それ自身は反応の前後で変化しないものをいうが、我々の体内にも生命維持のための化学反応を進める"触媒活性を持つ物質＝生体物質"が酵素という形で数多く存在している。

例えばリボザイム（リボ酵素）は、遺伝物質としての役割を担っているだけでなく、それ自身が触媒的に作用して、RNA（リボ核酸）を切断したり連結したりする酵素としての機能を持っている。そのリボザイムの原型ともいえる物質が、この時代に出現した「触媒活性を持つタンパク質様原始物質」だったのである。

リボサイムとは、触媒として働くリボ核酸（RNA：ribonucleic acids）のことで、アメリカの分子生物学者トーマス・チェックとシドニー・アルトマンによって発見された。

以前は、生体反応はすべて酵素によって制御されていると考えられていた。しかし、一部の反応については、RNAが制御していることが明らかとなり、そのように、触媒として働くRNAは、RNAと酵素（enzyme）にちなんでリボザイムと名づけられた。

■生命を記述する分子「原始RNA」の誕生

酸化的な地表の環境と、還元的な間欠泉(かんけつせん)内部を循環することによって、合成された無数の有機分子が交じり合い、より複雑な分子へと進化した。こうした物質循環が絶え間なく繰り返されながら生命誕生へつながる次のステージへ進む準備が着々と進んでいった。

▲ダイナミックな地球の活動が複雑な分子をつくり出していった。

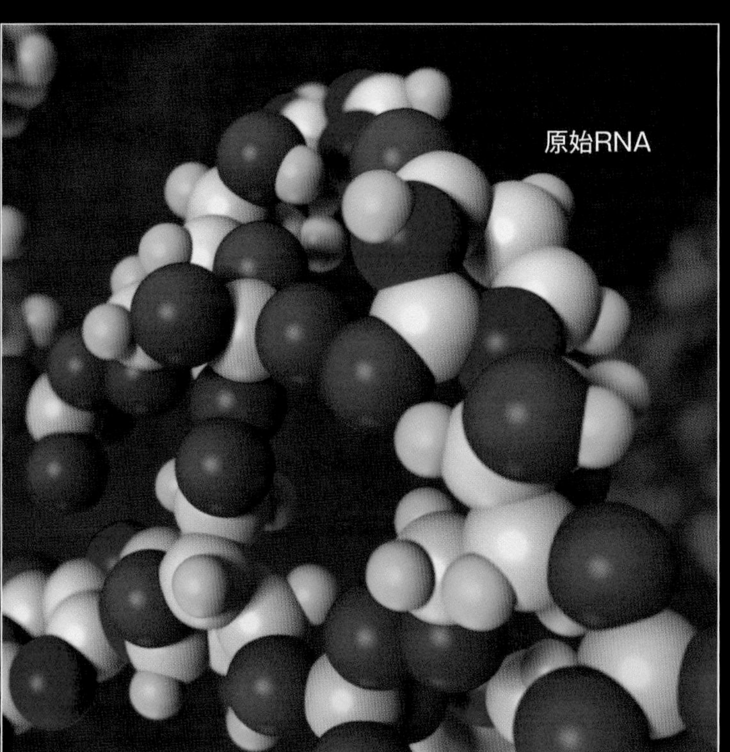

◀原始RNAの出現。

「触媒活性を持つタンパク質様原始物質」の中から分子構造を編集する能力を持った「酵素様原始物質」が出現し、それらが交じり合うことで「リボザイムの原型」ともいえる「原始RNA」に進化した。

さらに自己複製能力を持ったリボザイムが生み出され、生命誕生へのプロセスがさらに加速されていった。

生命誕生を加速させたリボザイム

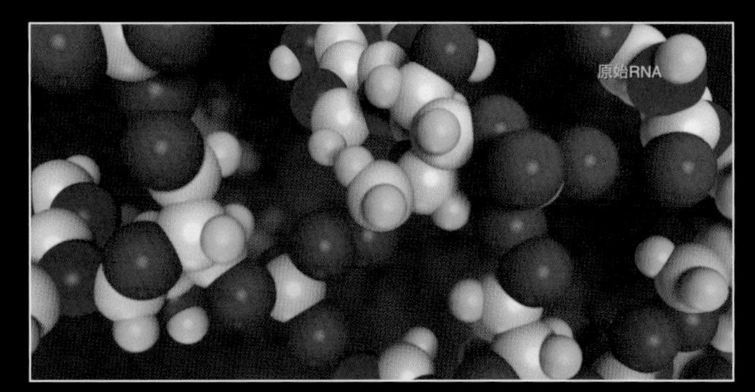

▲酵素様原始物質と交じり合う原始RNA（リボザイム）。

▲自己複製機能を持つリボザイムが出現。

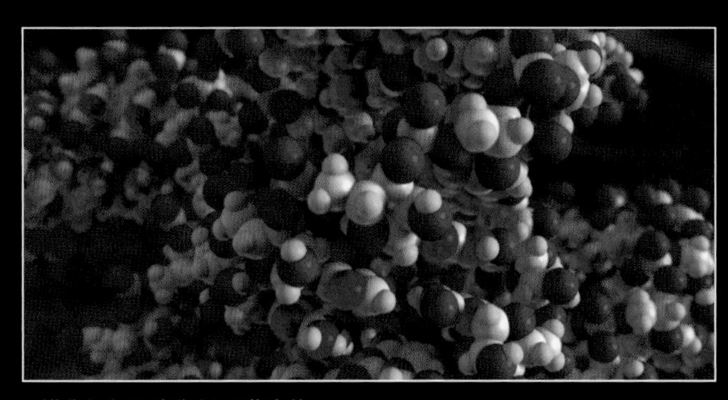
▲進化したリボザイムの集合体。

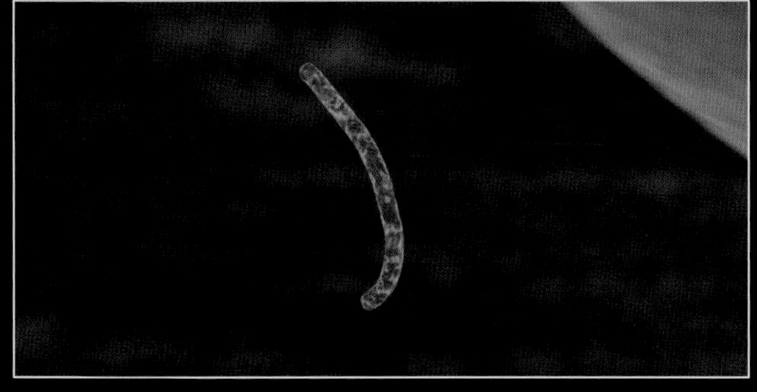
▲生命の「配列」を複製する力を身につけたリボザイム。

現在、地球上に生息している多くの生物の遺伝情報の継承と発現を担っているのは、DNA（デオキシリボ核酸）という高分子生体物質である。このDNAは主に核の中で情報の蓄積・保存をしており、リボザイムはその情報の一時的な処理を担うだけだとされている。例えば、タンパク質は、DNAに保存された遺伝情報をもとに、RNAを介してつくられる。

しかし、この時代の地球にはDNAは出現していなかった。原始地球で、まずRNAが出現し、その触媒作用によってDNAがつくられた後、より進化のスピードが速まったと考えられている。いずれにせよ、生命の配列を複製する重責を担い、生命を生み出す原動力となったのは、まさにリボザイムだったということである。

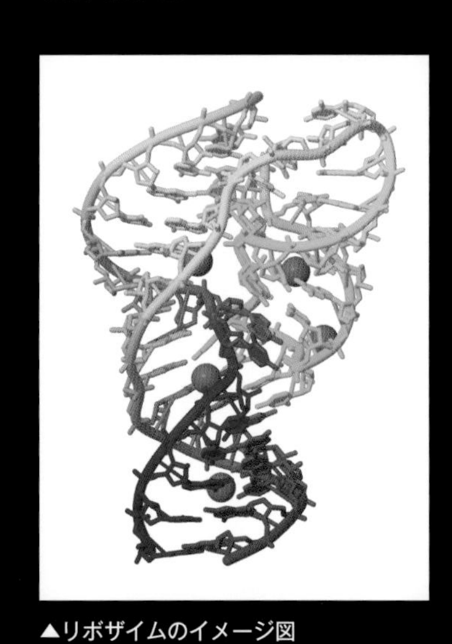
▲リボザイムのイメージ図
©沖縄科学技術大学院大学

■41億年前　原始生命体の誕生

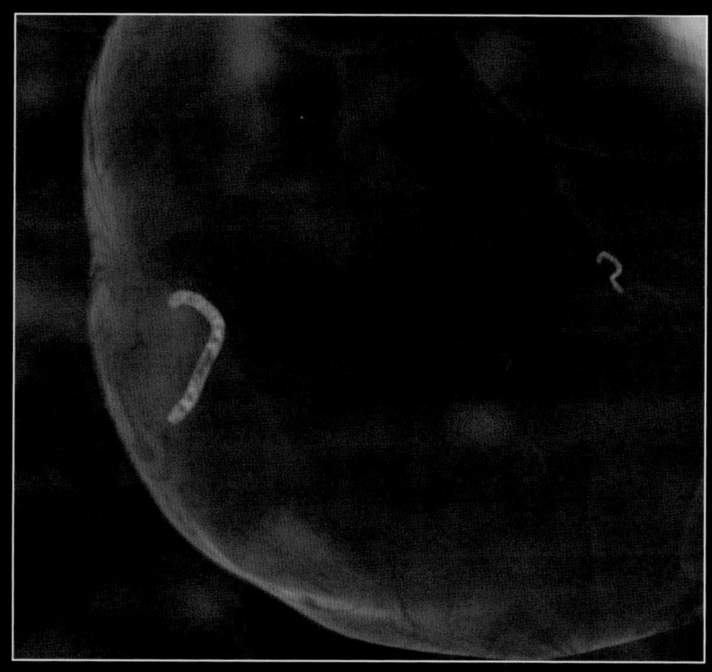

▲生命誕生へ至る第一歩は第一次生命体の誕生である。

すべての生命の出発点となる最初の原始生命体は第一次生命体である。第一次生命体は、地下の原子炉から得られるエネルギーを元に、外部共生体として生存していたと考えられる。

外部共生体は、細胞ひとつだけでは生きることができず、周りの環境やその他の細胞とのエネルギー・物質循環系の一部として共存することによってしか生きることができない生命体だった。

それはまだ核すら持たない、直径数十～数百μm（マイクロメートル）の小さな存在にすぎなかった。

（第一次生命体についてはP51参照）

▲第一次生命体は、外部共生体として、互いを補完し合いながら生存していたと考えられている。

Chapter 4 生命進化の第1ステージ

冥王代（めいおうだい）の地球表層にあった原初大陸

海洋の誕生とともに始まったプレートテクトニクスによって、原初大陸は強力な構造浸食により海溝で削り取られ、マントルに運び込まれていった。こうして生命を生んだ母なる大陸は、原初大陸の小片にしがみついて生きていた原始生命を地表に残して、マントル深部に消えていった。しかし、地球内部では新しいドラマが始まり、地球表層では生命が進化していた。

■死滅していった第一次生命体

▲原初大陸の消失とともに多くの原始生命は死滅していった。

生命とは、「たゆみない電子の流れ」ともいえる。生命には、絶え間ないエネルギーの供給と栄養塩を含む物質循環が不可欠である。

冥王代（めいおうだい）地球で誕生した最も原始的な生命である第一次生命体にエネルギーを供給したのは、原初大陸の地下にあった「自然原子炉」だった。

自然原子炉は、第一次生命体にとって、まさに地球自身が生んだ「地下の太陽」ともいえる存在だった。しかし、その第一次生命体は大きな試練にさらされることとなった。

原初大陸が構造浸食によって削り取られ、マントルに沈み込んでいったのだ。それとともに、生命の源ともいえる自然原子炉も姿を消していった。

そしてエネルギー供給源から切り離されたとき、第一次生命体の多くは死滅していった。

だが、生命の進化が止まることはなかった。自然原子炉が放出する電離放射線はしばしば突然変異を引き起こして、新たな進化を起こしていた。

その突然変異が、第一次生命体に代わる新たな生命体の誕生を促し、次の時代を担う生命体として第二次生命体を生み出していったのである。

それは、太陽光エネルギーを利用する新たな生命体だった。

どんな時代でも、厳しい環境の変化に適合したものだけが生き残る。

地下の自然原子炉をエネルギー源として誕生した第一次生命体のほとんどが、自然原子炉の消滅とともに死滅していく中、その一部は間欠泉（かんけつせん）の噴出によって地表に運ばれた後、太陽光を利用する第二次生命体へと進化していったのである。

（第二次生命体についてはP51参照）

■第二次生命体の出現

▲第一次生命体は、自然原子炉間欠泉内部から地表に運ばれた後、太陽の光を利用する第二次生命体へと進化するものが現れた。

▲厳しい環境変化に適合するため、原始生命の膜は進化した。

第二次生命体は、自然原子炉というエネルギー源から引き離されたことによって、太陽光をエネルギー源として生きるシステムを身につけた。

さらに彼らの中から、太陽が沈んだ夜の間も代謝を維持できるシステムを持つものが出現した。日中につくり貯めた糖を周囲の共生体とやり取りすることで、夜の間も代謝活動を行えるようになっていったのだ。

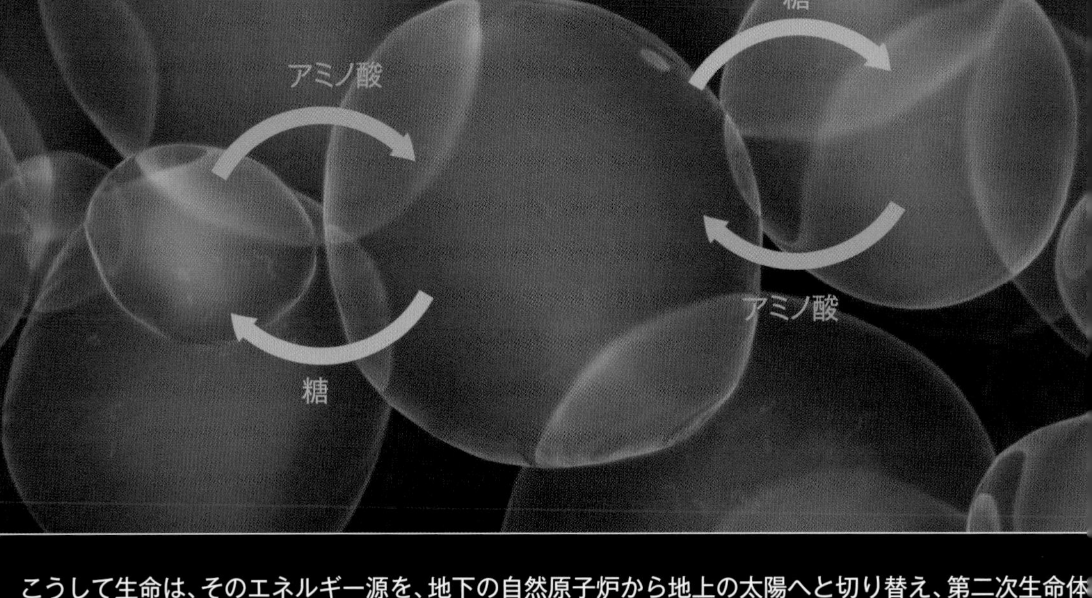

こうして生命は、そのエネルギー源を、地下の自然原子炉から地上の太陽へと切り替え、第二次生命体へと進化した。しかし、この段階ではまだ、生命体として完全に独立した存在ではなかった。第二次生命体は、第一次生命体と同様、外部共生という形でしか生存できなかった。

COLUMN 生命誕生場に必要な9条件

生命誕生場はどこかという議論には長い歴史があり、これまでにいくつもの仮説が提案されてきた。

今まで議論されてきた主要な生命誕生場は、①warm little pond:温かく小さな水溜まり(ダーウィン,1859)、②潮間帯(オパーリン,1924)、③パンスペルミア・ネオパンスメルミア(アレニウス,1908)㊟、④火星(マッケイ他,1996)、⑤中央海嶺熱水系(コーリス他,1981)、あるいはアルカリ性熱水噴出孔(ケリー他,2005)、⑥島弧火山の噴泉塔(ムルキドジャニアン,2012)、⑦自然原子炉間欠泉(戎崎と丸山、2017)、である。

では、これらの生命誕生場の候補のうち、生命誕生場として最も可能性が高いのはどこだろうか？　それを検証するために、生命誕生場に必要な条件を抽出すると、下の表に示すように少なくとも9つある。

これら9つの条件が満たされなければ、生命が誕生することはない。そして、9条件を生命誕生場仮説に当てはめて検証していくと、すべての条件を満たすのは、自然原子炉間欠泉のみである。

㊟バンスベルミアとは、ギリシャ語で「種をまく」という意味。生命は宇宙に広く多く存在し、地球の生命の起源は地球ではなく他の天体で発生した微生物の芽胞が地球に到達したもの、とする説。

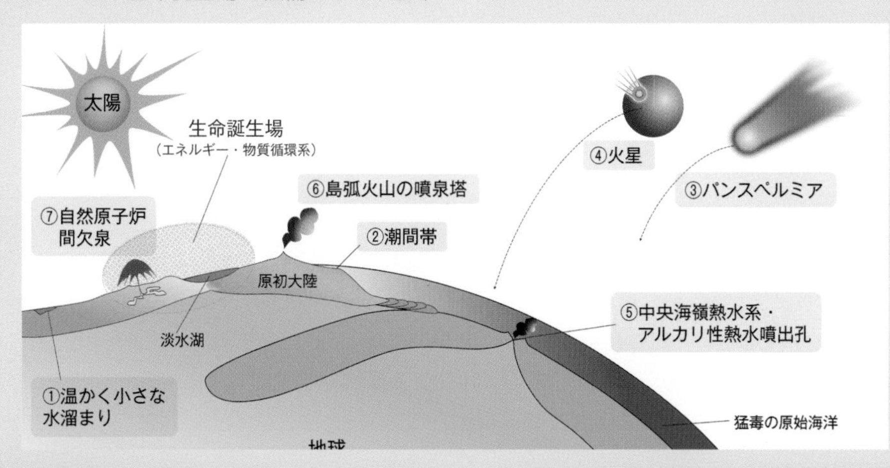

	環境条件	自然原子炉間欠泉	中央海嶺熱水系	火星[3]	宇宙[4]
1	エネルギー源(電離放射線＋熱的エネルギー)	○	×	○	○
2	栄養塩の供給(リン、KREEPなど)	○	?[1]	○	×
3	生命の主要構成元素の供給(C,H,O,N)	○	?[1]	○	○
4	還元ガスの濃集	○	×	?[2]	×
5	乾湿サイクル	○	×	○	×
6	Naの少ない水	○	×	○	×
7	毒性のない湖水環境	○	×	?[2]	×
8	多様で動的な環境(pH、塩分濃度、重金属、温度、圧力、大陸、海洋、山脈、氷床、砂漠など)	○	×	?[2]	×
9	周期性のある環境	○	×	?[2]	×

1．供給可能な元素もあれば、不可能な元素もある。2．直接的な証拠はないが、おそらく可能。
3．火星の誕生後4億年間は海洋があったはずである。4．宇宙には液体の水はない。

■第二次生命体の大量絶滅

プレートテクトニクスが機能することによって、地球表層は変動していく。大地に亀裂(きれつ)が入り、猛毒海洋の海水が大陸内部に大量に流れ込むと、生命体の多くは絶滅するしかなかった。当時の海洋は、依然として超酸性、高塩分濃度、かつ重金属に富む猛毒の組成だったからである。

▲プレートテクトニクスにより大地に巨大な亀裂が入った。

▲その亀裂に大量の海水が流れ込んだ。

しかし、その厳しい環境を生き抜く生命体が出現する。第二次生命体の中から、膜の機能を強化し、有害な金属イオンが生体内に入らないようにする能力を身につけたものがいた。そして猛毒海洋に対応していった。

▲流れ込んだ猛毒海洋によって多くの生命体が死滅していった。

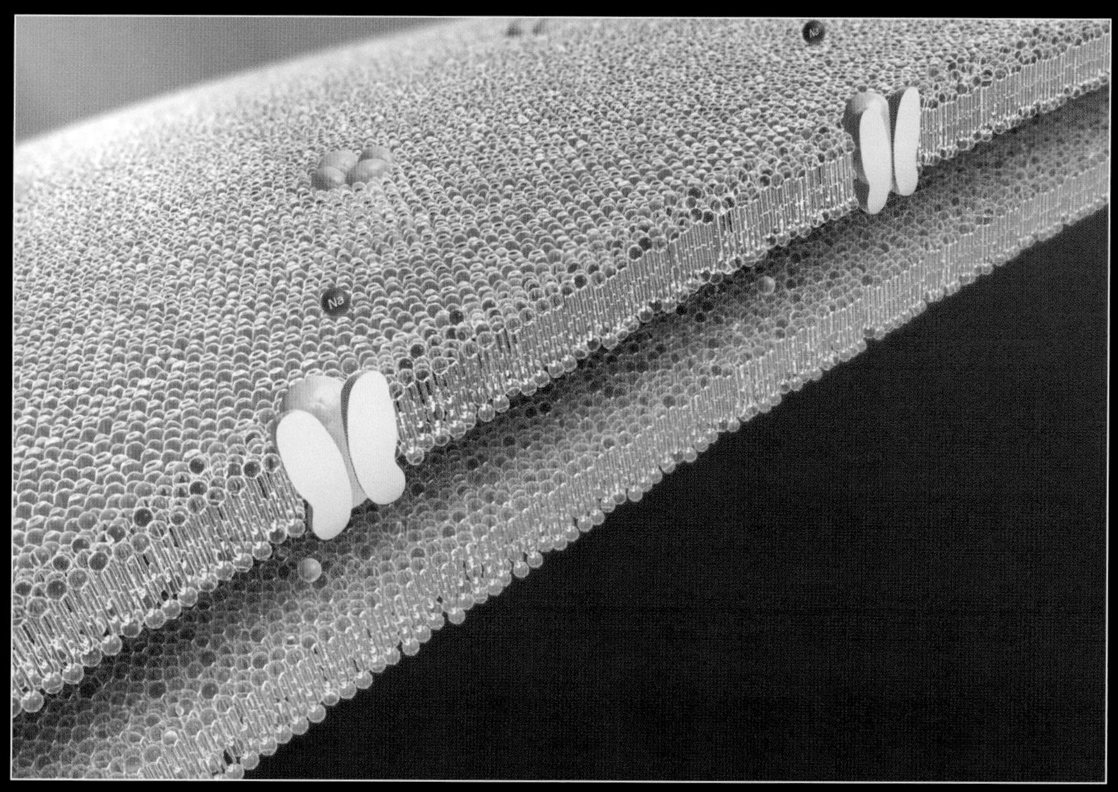

▲有害な金属イオンが生体内に入らない構造は急につくられたものではない。
無数の試行錯誤の結果、第二次生命体の中に、新たな膜の構造や機能を獲得したものがいたのだ。

大量絶滅からわずかに生き残った第二次生命体には、次の進化が起こり始めた。外部共生していた生命体同士が融合し、より複雑な生体システムに進化していったのだ。

▲外部共生していた生命体同士の融合が始まった。

現在の生命は20種類のアミノ酸しか利用していない。それは、この20種のアミノ酸を持つ生物が後世まで生き残ったからである。これらの20種類以外のアミノ酸を利用する生物はいたかもしれないが、それらは冥王代（めいおうだい）の間にすでに絶滅してしまったのだろう。

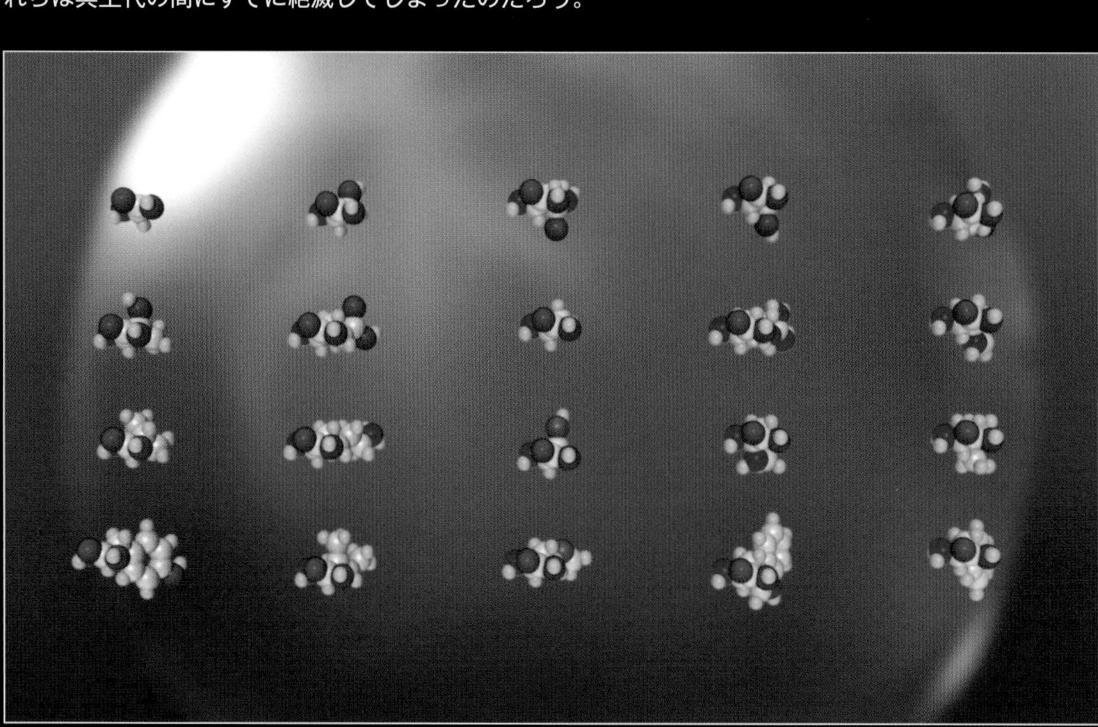

▲完成した20種類のアミノ酸。

■原核生物の誕生

　絶滅と進化はまさに紙一重である。
　生き残った第二次生命体は、さらに機能的な細胞膜を獲得し、内部共生を実現して、生命体として独立した存在へと進化していった。
　そして、より安定したDNA(デオキシリボ核酸)を獲得した。

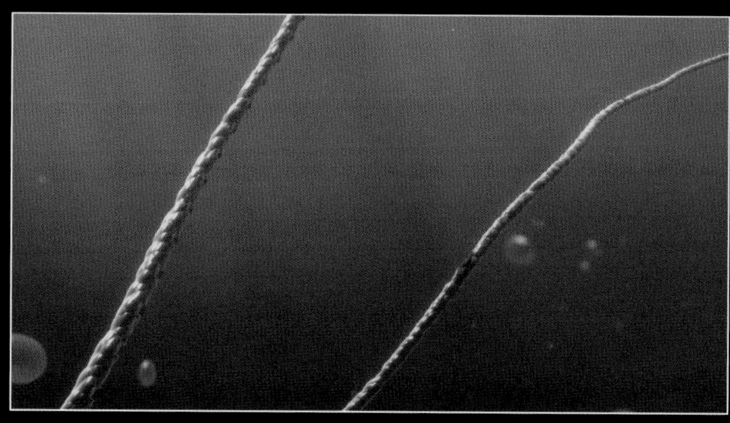

◀生命体は、より複雑で大きなものへと進化していった。

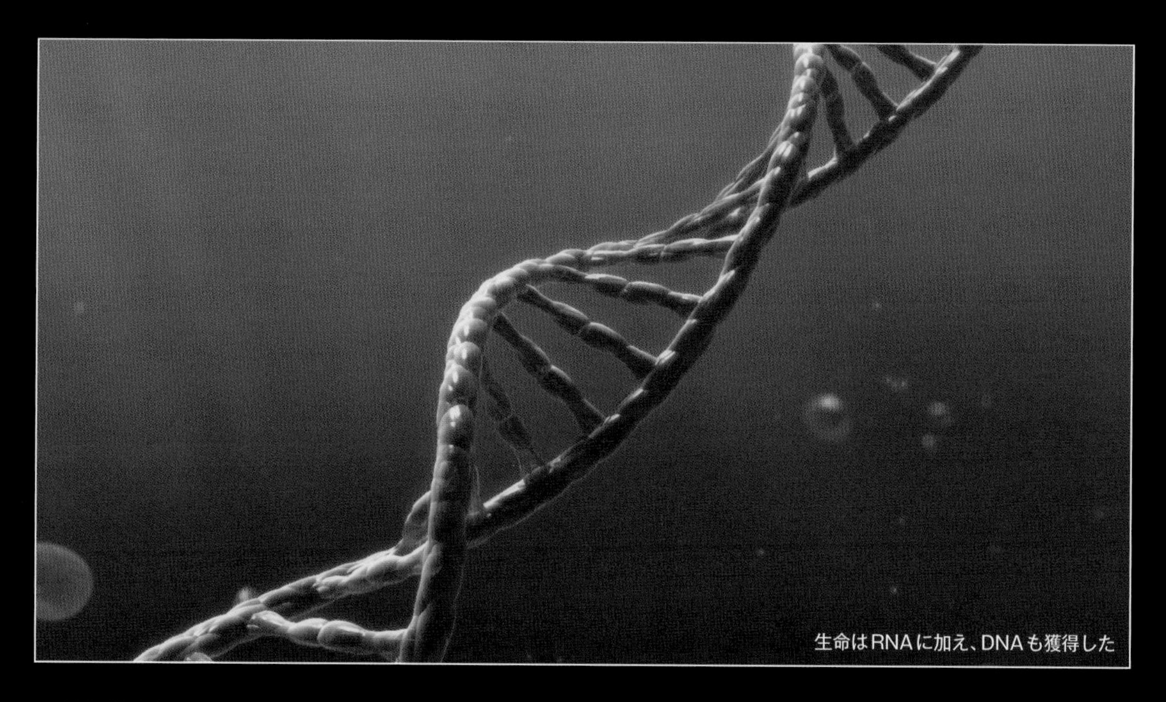

生命はRNAに加え、DNAも獲得した

　外部共生体だった原始生命は、ひとつの膜の中で代謝と自己複製を行う第三次生命体へと進化した。この第三次生命体こそが、原始的な古細菌と真正細菌の先祖である原核生物である。

Chapter 5 生命進化の第2ステージ

原始地球の地表部

太古代（40億～25億年前）半ばには、光合成生物（光エネルギーを吸収し、無機物から有機物を合成する生物）がすでに出現していた。そしておよそ29億年前にはシアノバクテリア（酸素発生を伴う光合成＝酸素発生型光合成を行う生物）が出現していたことがわかっている。彼らは太陽エネルギーを利用して光合成を行い、地球生命の進化を特徴づける酸素大気を自らつくっていくようになる。地球と生命の共進化の顕著な例のひとつである。

■29億年前　光合成生物の誕生

▲還元的な物質からできている生命体にとって、遊離酸素は生命を破壊する猛毒である。

太古代の中頃までには、光合成(光エネルギーを吸収し、無機物から有機物を合成する)を行う生物がすでに出現していたと考えられている。

光合成生物は光エネルギーを使って、水と空気中の二酸化炭素から炭水化物をつくり出すが酸素非発生型と酸素発生型がある。そのうち酸素発生型光合成を行うシアノバクテリアは約29億年前頃までに出現し、大気中に遊離酸素を放出し始めたと考えられている。

酸素を出さない酸素非発生型光合成の時代に生息していた生物にとって、遊離酸素は生命を破壊する猛毒である。そのため大気中に遊離酸素が蓄積し始めると、嫌気性生物たちは貧酸素環境へと逃げるしかなかった。

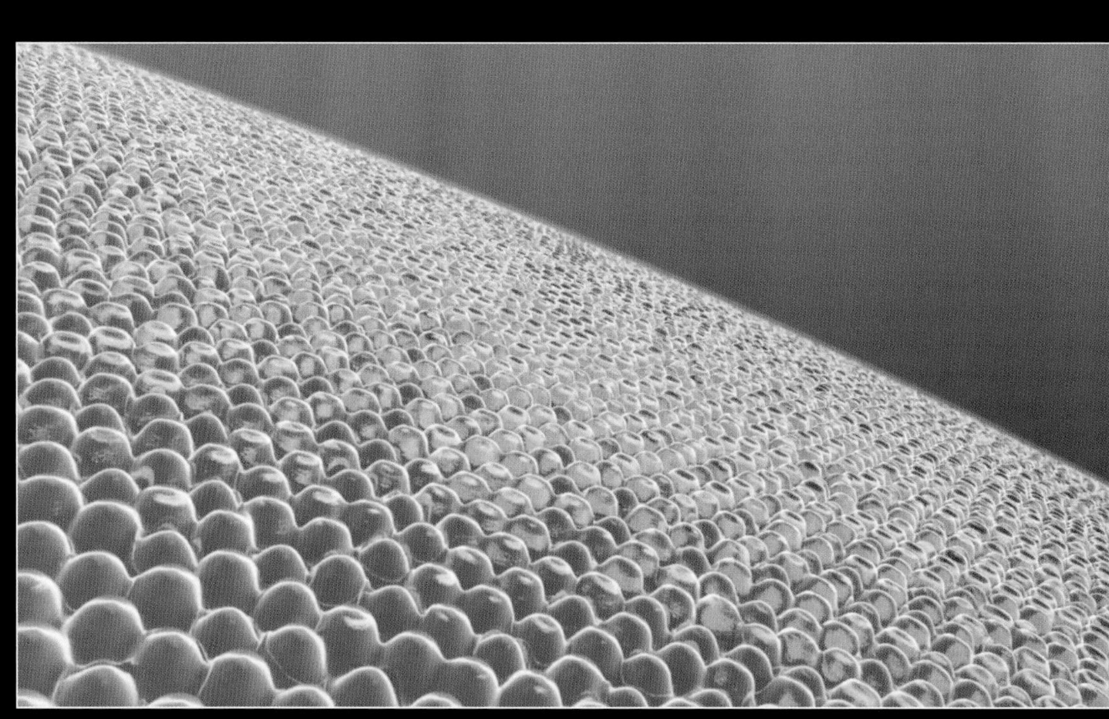

▲光合成生物の膜表面のイメージ。

COLUMN 生命誕生に至る三段階進化モデル

生命誕生に至る三段階進化モデルとは、生命はどこでどのように誕生したかという疑問に対する答えとして提案されたものである。このモデルでは、環境の変化が生命進化を駆動したと考え、大きく三段階の環境変化に伴って、第一次生命体、第二次生命体という過程を経て、最初の生命の誕生に至ったというシナリオを提案している。

第一次生命体は、自然原子炉を主要なエネルギー源として誕生した。しかし、生命体としての機能はまだ不十分であり、外部共生体として複数の第一次生命体が共生関係を保つことで、必要なエネルギーや物質を共有していたと考えられている。

その第一次生命体は、間欠泉の周期的な噴出によって、地表へ打ち出される。これは、ひとつ目の大きな環境変化である。

エネルギー源である自然原子炉から強制的に引き離された第一次生命体は、異なる環境に適応するために新たな機能を身につける必要があったが、自然原子炉間欠泉内部に再び流入したり、あるいはまったく別の原初大陸上の場へと流されながら、次第に太陽光を利用できる機能を身につけ、地上で生き延びることができる第二次生命体へと進化した。

冥王代の中期以降は、すでにプレートテクトニクスが機能しており、表層環境は山脈、渓谷、氷床、砂漠など多様な環境が存在していた。そして、大陸の分裂とともに超猛毒の海洋が原初大陸の内部に侵入すると、第二次生命体を大量絶滅させた。これが2つ目の環境変化である。

その猛毒海洋に耐えるためにさらに進化し誕生したのが第三次生命体である。第三次生命体は、ひとつの膜の中で代謝と自己複製の機能を保持した最初の原核生物だったと考えられている。

地上に残された記録によれば、酸素発生型光合成は29億年前までに出現したことを示すが、さらに古く冥王代に遡る可能性が残されている。

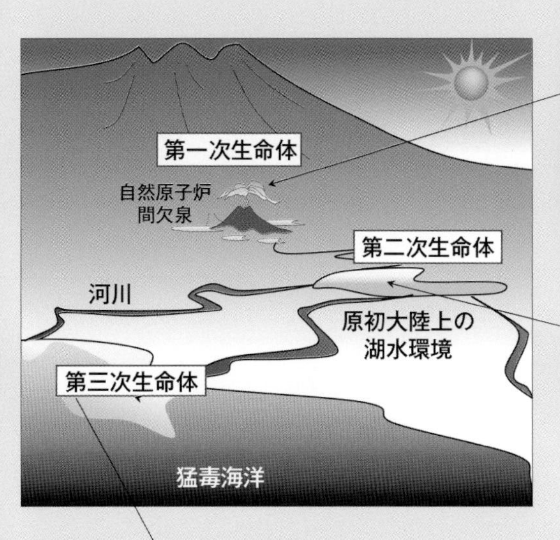

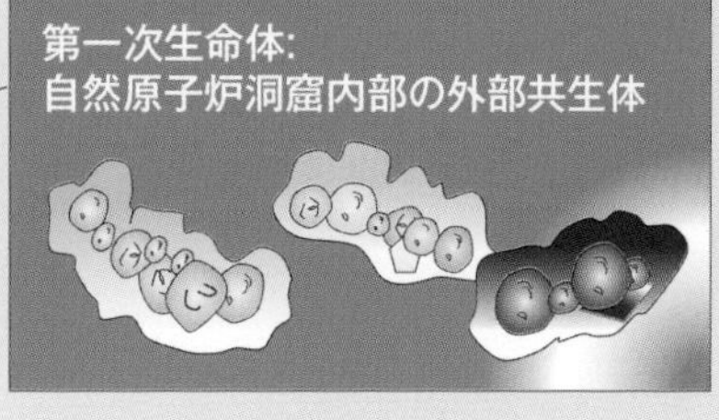

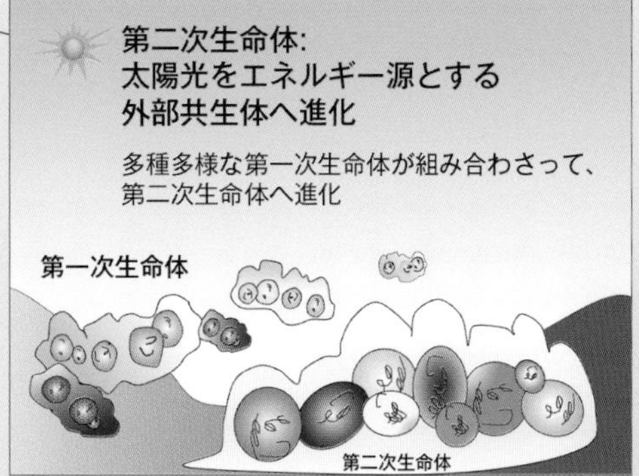

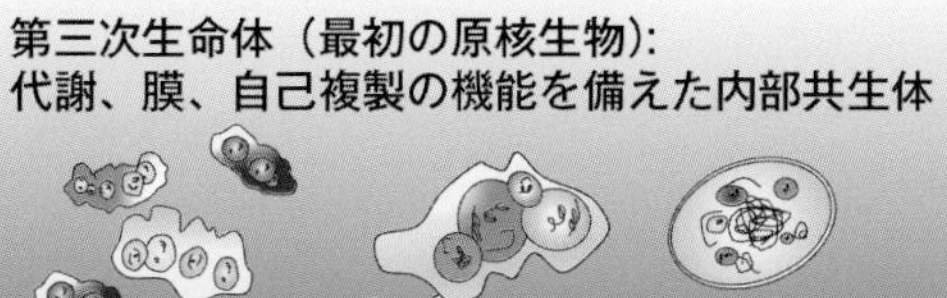

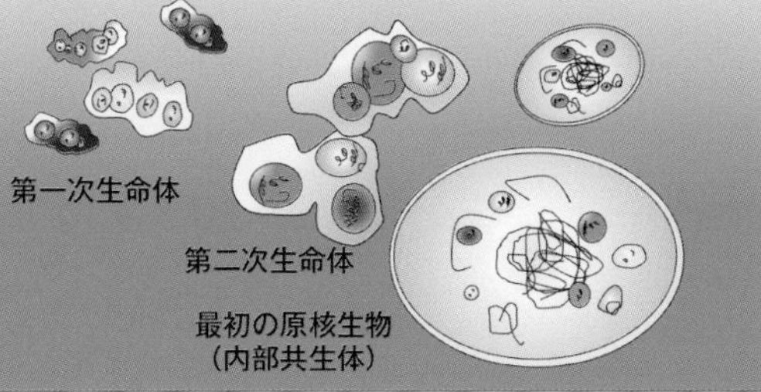

光合成は当初、酸素非発生型光合成からスタートしたが、やがて猛毒である酸素を放出しても、それに耐えられる構造を獲得していった。そうして生まれたのが原核生物である「シアノバクテリア」である。酸素は、生物活動においてより大きなエネルギーを生み出すことを可能にする。その大きなエネルギーを利用するために、生物は酸素に適応するように進化していく。

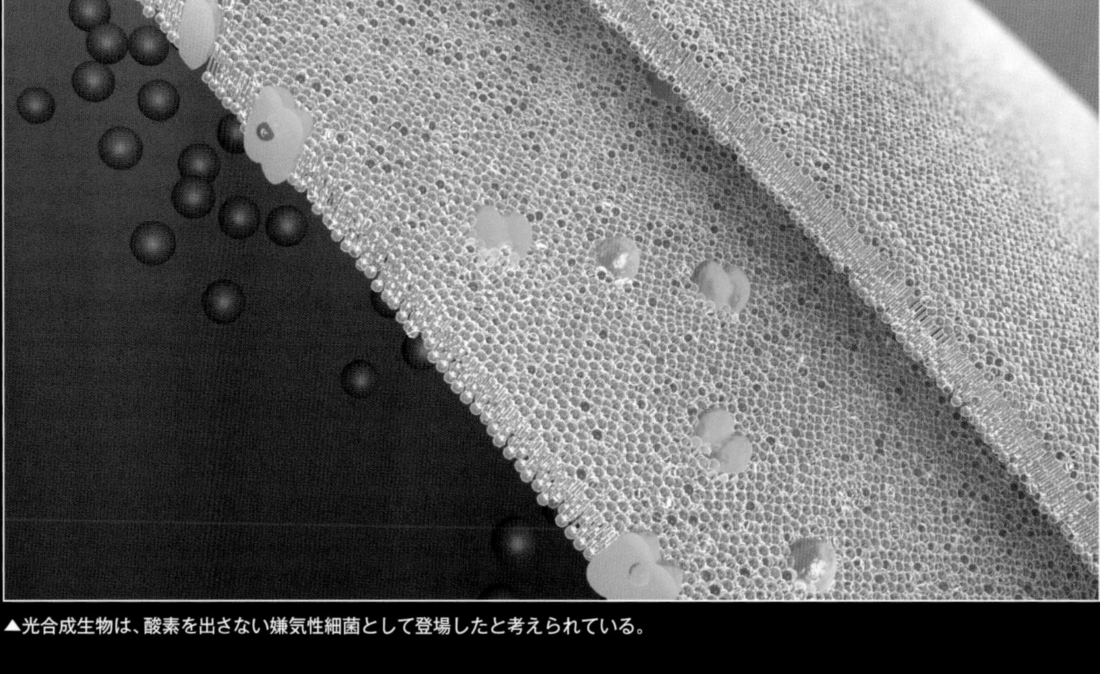

▲光合成生物は、酸素を出さない嫌気性細菌として登場したと考えられている。

▲酸素発生型光合成では、より大きなエネルギーを生み出せるようになった。

■シアノバクテリアが変えた地球の環境＝地球と生命の共進化

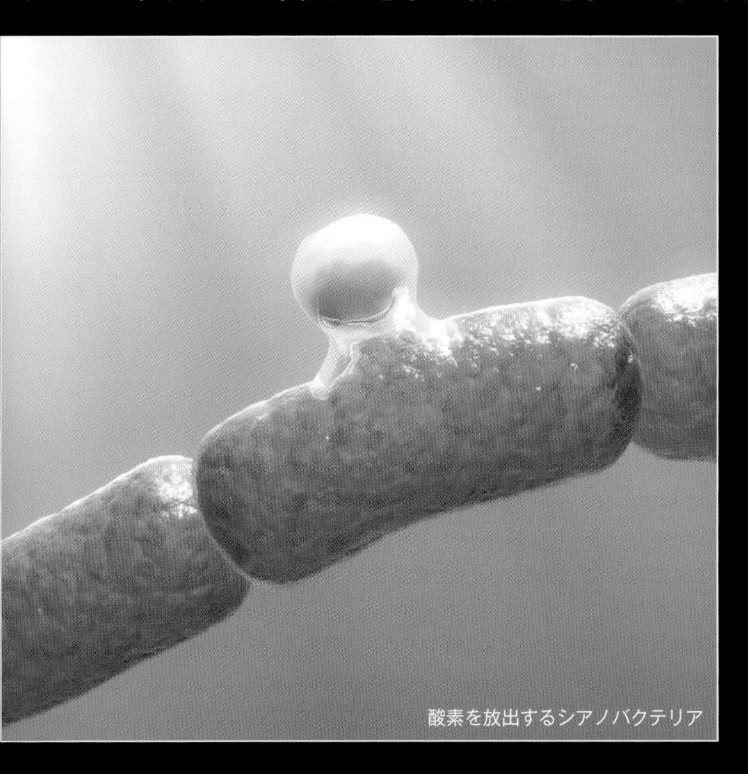
酸素を放出するシアノバクテリア

シアノバクテリアが放出する酸素は、次第に大気中に蓄積していく。それが地球大気の組成を大きく変え、地球表層環境を大きく変えると同時に、遊離酸素を持つ大気とともに生物が進化するようになる。地球と生命がともに関与しながら進化する「共進化」の歴史の始まりである。

シアノバクテリアがつくり出した酸素は、海水に溶け込んでいた鉄イオン（二価鉄＝Fe^{2+}）が反応して、酸化鉱物である磁鉄鉱（Fe_3O_4）を晶出（しょうしゅつ）させた。こうした反応が進むことによって、猛毒だった海が次第に浄化され始めたのだ。

▲シアノバクテリアが生み出した酸素で、海は次第に酸化されていった。

▲この時代の塩分濃度は、現在の5倍も高かった。

縞状鉄鉱層（BIF：banded iron formation）の出現

シアノバクテリアが生まれた頃の海の色は現在のような青色ではなく黒かったと考えられている。それは、酸素が少なく、二価鉄の溶解度が高かったからである。しかし、大陸縁辺の浅海域ではストロマトライト㊟を形成する光合成生物が大量に現れた記録が残っており、それら大量の光合成生物の出現により、海洋表層は次第に酸化的になっていったと考えられている。また、その一方で嫌気的なメタン菌などは、より還元的な大陸棚深部に棲むようになった。

光合成によって増加した酸素は、海洋の二価鉄を三価鉄に換えたため、海洋のFe（鉄）の溶解度は変化した。三価鉄は海に溶けないので、その結果、縞状鉄鉱層（写真）が形成された。また海洋の組成は、大気と同様、少しずつ酸化的になり、海洋は赤みがかった色に変化した。

㊟ストロマトライト：シアノバクテリア類の死骸と泥粒などによってつくられる層状構造の岩石。

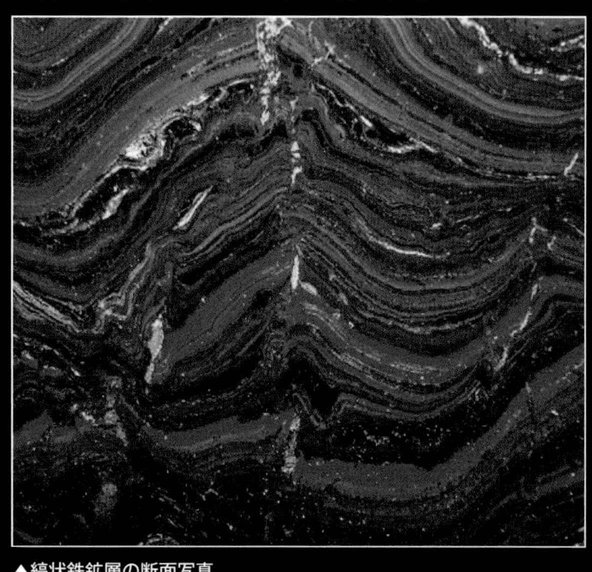

▲縞状鉄鉱層の断面写真。

■26億年前　マントルオーバーターン

地球がある程度冷却してくると、上部マントルと下部マントルの境界に溜(た)まった古いプレートの塊が崩落を始めた。それが、地形を大きく変えることになる「マントルオーバーターン」の最初の兆(きざ)しだった。

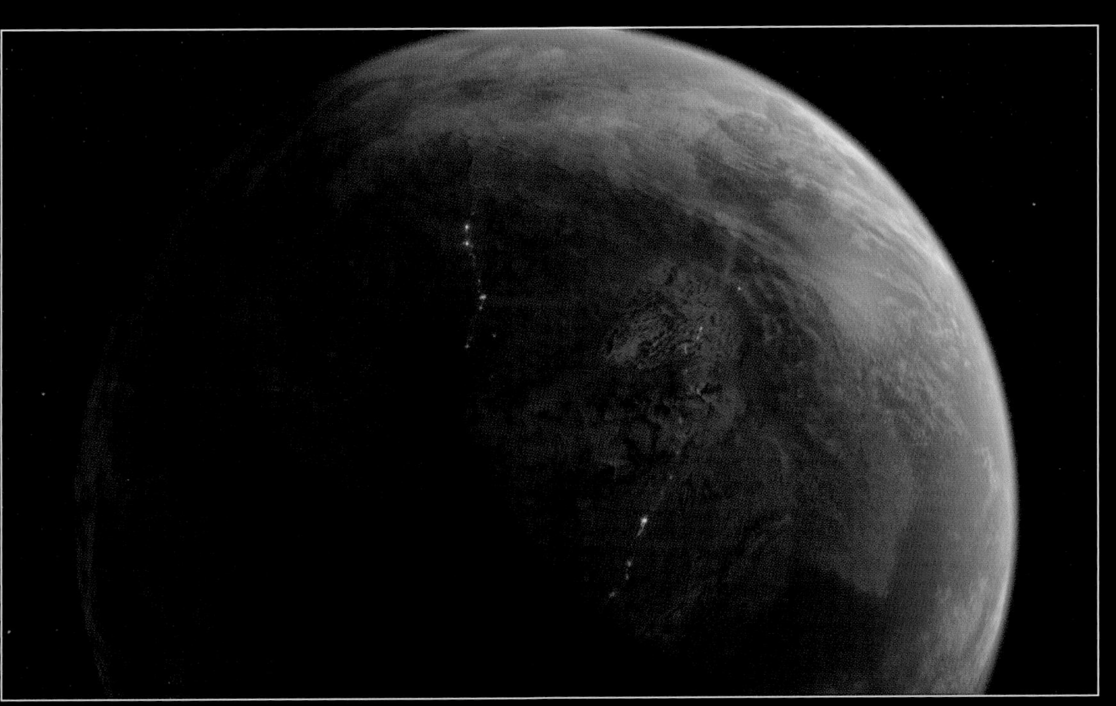

▲26億年前の地球。

▲26億年前の地球の内部。

こうしてマントルオーバーターンは進行した

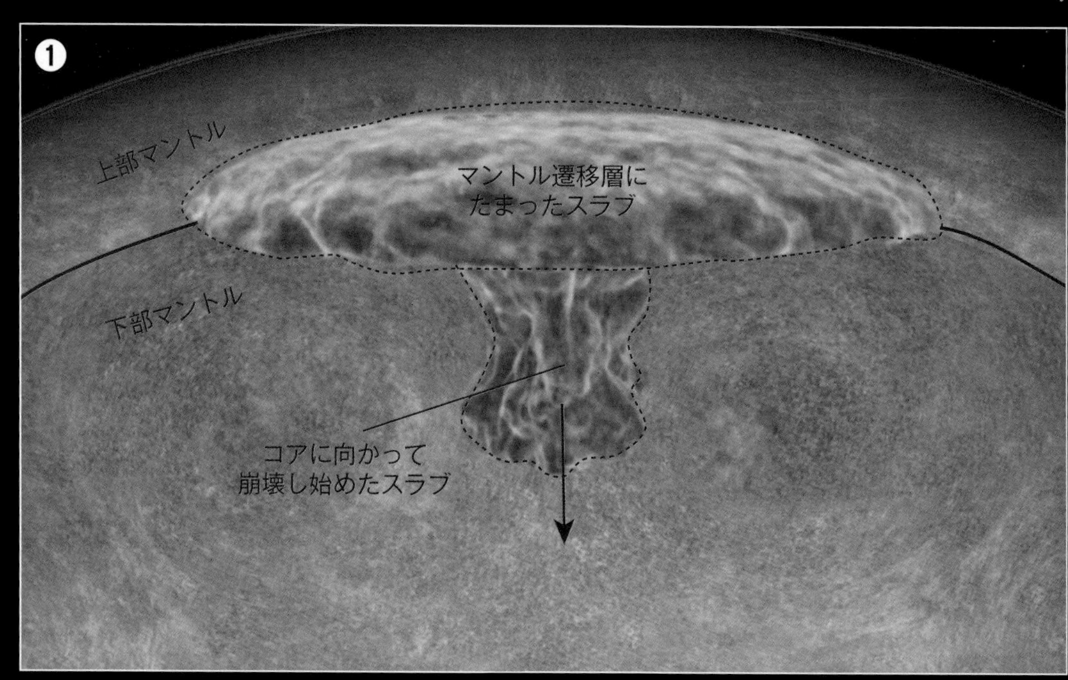

上部マントルの冷却によって、上部マントルと下部マントルが入れ替わる現象が起きた。

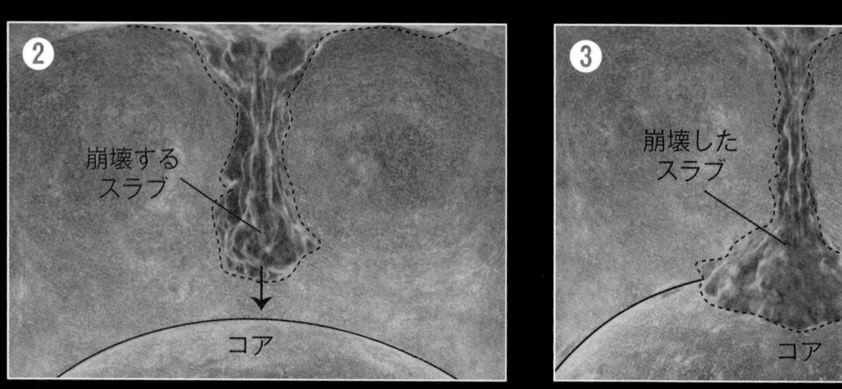

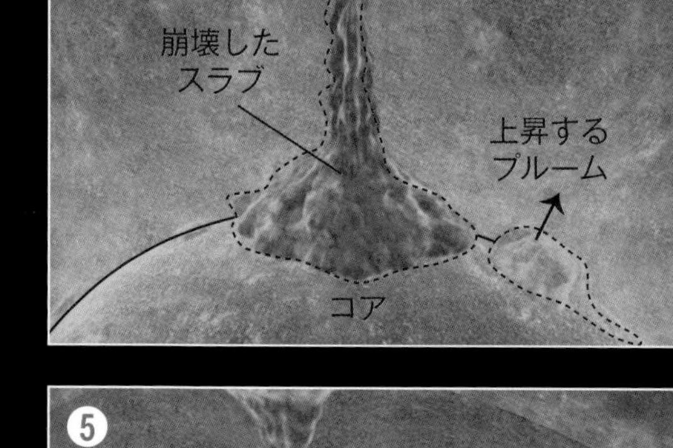

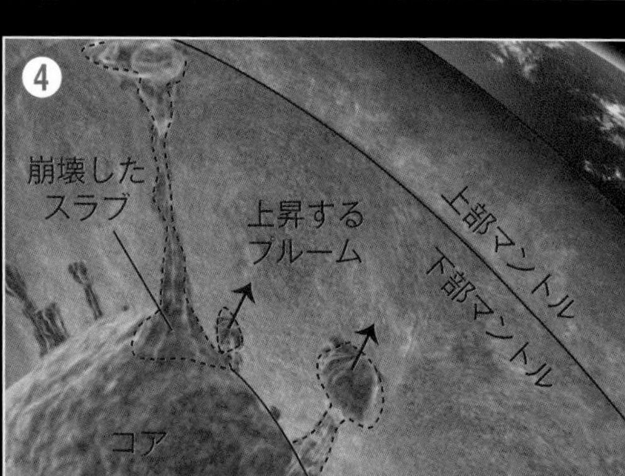

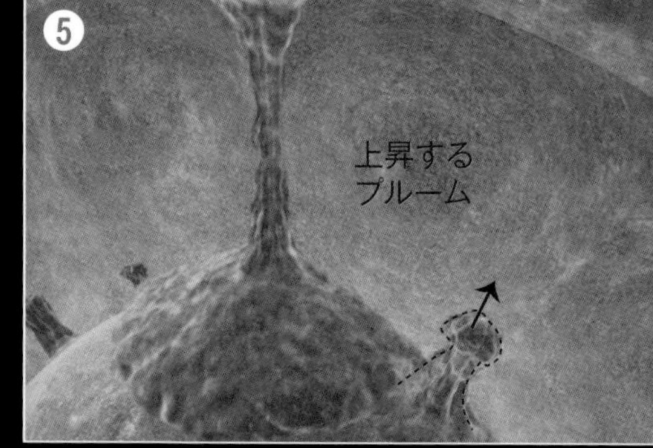

冷たく密度の高い上部マントルは下部マントル深部に崩落していく。

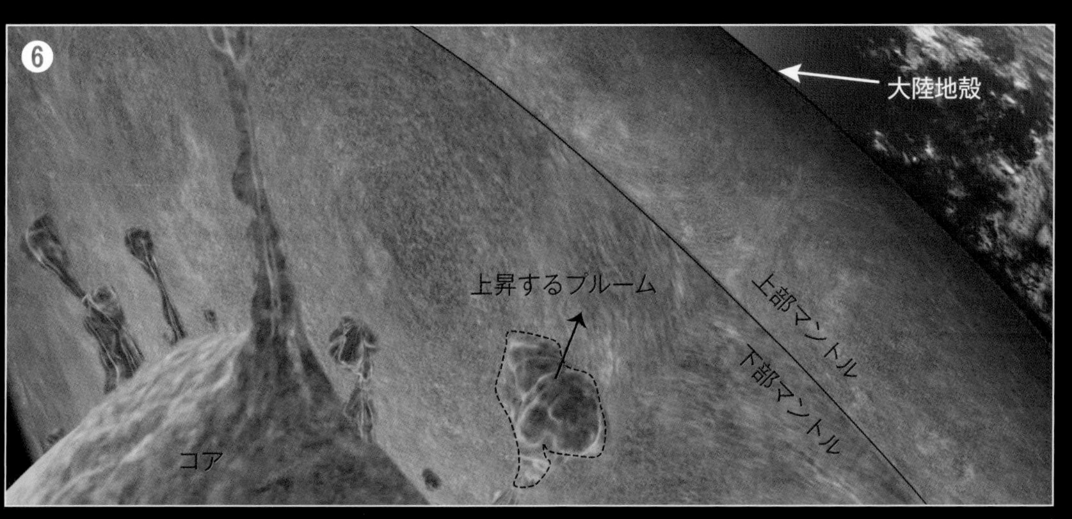

冷たく密度の高い上部マントルが深部に崩落するのと同時に、下部マントルは上部マントルに上昇する。これが「マントルオーバーターン」である。

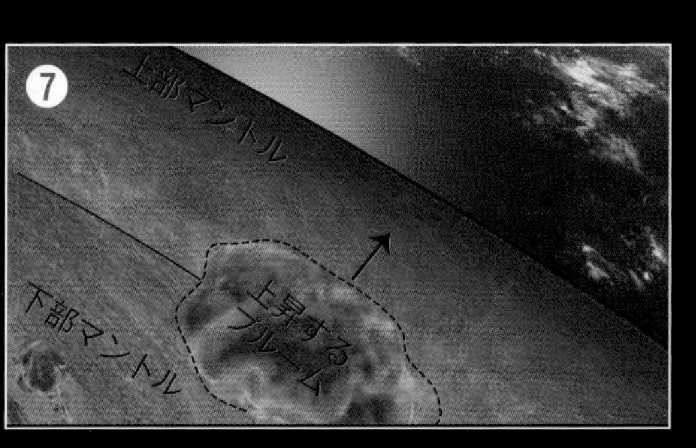

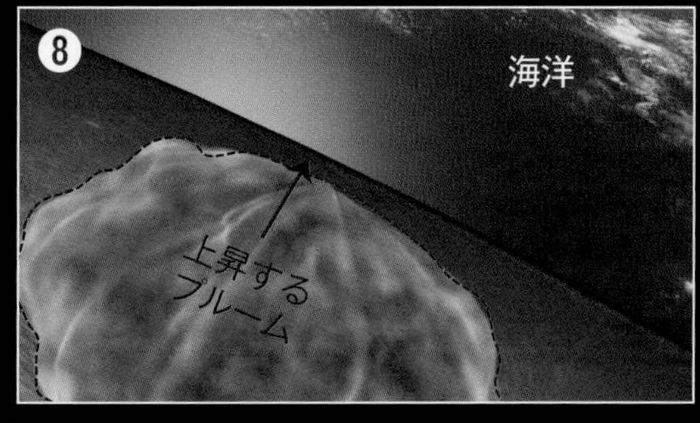

上昇するマントルプルームは表層の一部を持ち上げた。

マントルオーバーターンでマントルプルームが上昇して大陸地殻が持ち上げられた結果、陸地面積が増大した。プルームから大量の洪水玄武岩(げんぶがん)がもたらされ、大陸を覆った。

■玄武岩に覆われた小大陸の出現

ほとんど海洋に覆われた単調な環境だった太古代の地球表層には、マントルオーバーターンによって大量の洪水玄武岩（げんぶがん）が供給され、花崗岩（かこうがん）質大陸を覆った。その結果、陸地面積が急激に増加し、光が差し込む適度な浅瀬をつくり出した。それが、シアノバクテリアをさらに繁栄させることにつながった。

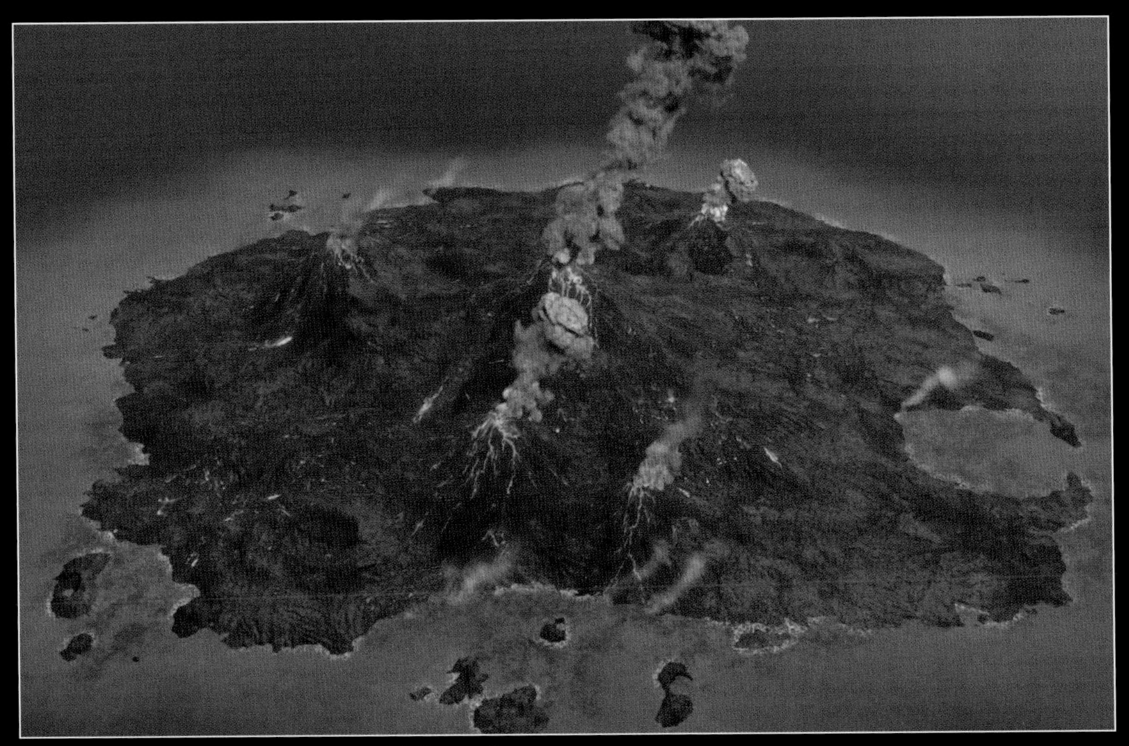

▲玄武岩で覆われた小大陸が出現し、陸地面積を増大させた。

マントルオーバーターンの証拠

マントルオーバーターンが起こると、上部マントルに上昇してきたマントル物質は、減圧融解によって、大量のマグマを地表へ噴出することになる。このような過程に伴って地球表層に大量に噴出したマグマは、洪水玄武岩と呼ばれている。「洪水」という名前は大雨のときに大量の水が一気に流れる状態のことを表現したものである。

この洪水玄武岩の元になるマグマは、粘性が低く、斑晶がほとんどない特殊なマグマである。このような玄武岩質マグマは現在でもハワイやアイスランドなどのホットスポットの地域で噴出していることは知られているが、現在の地球上ではこれらの地域にのみ限られている。

それに対して、太古代の末期のマントルオーバーターンの時代には、全球的な規模で噴出したことがわかっている。

洪水玄武岩は、クラトンと呼ばれる25億年前よりも古い造山帯が分布している35か所の地域では常に観察することができる。しかもその溶岩流の厚さは平均でも2～3㎞ある。こうした地質学的な記録はマントルオーバーターンの証拠としてとらえることができる。

▲マントルオーバーターンによって出現した浅瀬で、シアノバクテリアが大繁栄した。

▲シアノバクテリアの増殖は、より大量の酸素を生み出した。
そして、次第に酸素が大気中に蓄積し、地球の大気組成を変えていった。

▲三価鉄は海底に沈殿・堆積し、それが酸素と結びついて赤鉄鉱となり、やがて縞状鉄鉱層を形成していった。

■青くなった地球の海

シアノバクテリアが排出する酸素のおかげで、海中の鉄イオンが急激に減少した。そしてその結果、海の色は、赤色から現在に近い青色に近づいていった。

こうして生物は、自ら地球表層環境を変え始め、文明を生み出す地球生命へと突き進んでいくことになる。

◀大気中の酸素が増えるにつれ、青く澄み始めた海。

■シアノバクテリアがつくった「要塞」――ストロマトライト

古い時代のシアノバクテリアの存在を教えてくれるのがストロマトライトである。

最古のストロマトライトは太古代後期につくられたものである。

ストロマトライトの特徴は層状のドーム構造だ。

この構造は、強い太陽エネルギーから身を守る役割を果たしている。シアノバクテリアは、複屈折率の極めて大きな方解石の微結晶をランダムな方向に組み合わせることによって、光を乱反射させる「要塞」のような構造物をつくった。そして、その中に棲むことによって強力な紫外線から身を守った。

しかし一方で、その「要塞」の中にある閉鎖空間では、光合成によって自らつくり出した酸素の濃集によって、生物は逆に酸素の毒性に脅かされることにもなった。そのため、彼らは酸素から身を守るための方策を次々に生み出していくことになった。

[ストロマトライトのでき方]

①シアノバクテリアが砂や泥の表面に定着して、日中に光合成を行う。

②光合成を行わない夜間には、泥などの堆積物を粘液で固定すると同時に、呼吸するために上部へと成長する。

③翌日、太陽が昇るとともに再び光合成を開始する。

このサイクルを繰り返し、ストロマトライトは1年で0.5㎜ほどずつ成長し、次第にドーム状になっていったのである。

▲オーストラリアのシャーク湾に現生しているストロマトライト。　©CUHRIG／iStock

COLUMN 生命進化の系統樹

生物の観察は、ヘッケルやダーウィンの時代以来、肉眼観察が主流だったが、科学技術の発展に伴って、我々はより小さな生物の観察や分析をすることができるようになってきた。その結果、生物の分類体系に大きくメスを入れる時代が到来した。

その具体例のひとつが、カール・ウーズらによるドメインという概念の提案である。

彼らは、リボソームRNAに基づく生物の系統樹を構築し、生物は、①真正細菌、②古細菌、③真核生物、の3つに分類できると提案した。

この考え方は、それまで議論されてきた肉眼観察に基づくキングダム（界）説とは異なる手法に基づく提案であり、ゲノム分析が可能になった結果である。

さらなる発展は、メタゲノム解析である。従来は、微生物のゲノム解析は単離・培養を経てゲノムを調製するというプロセスが必要だった。だがメタゲノム解析では、環境中のゲノムを網羅的に配列解析して、複数の細菌の種類や機能を明らかにすることが可能になった。

これらの技術革新により、未培養の微生物の系統分類が行われるようになり、真正細菌の新たな系統群も明らかになってきた。それがCPR（Candidate Phyla Radiation）と呼ばれる系統群であり、最も原始的な微生物群である。

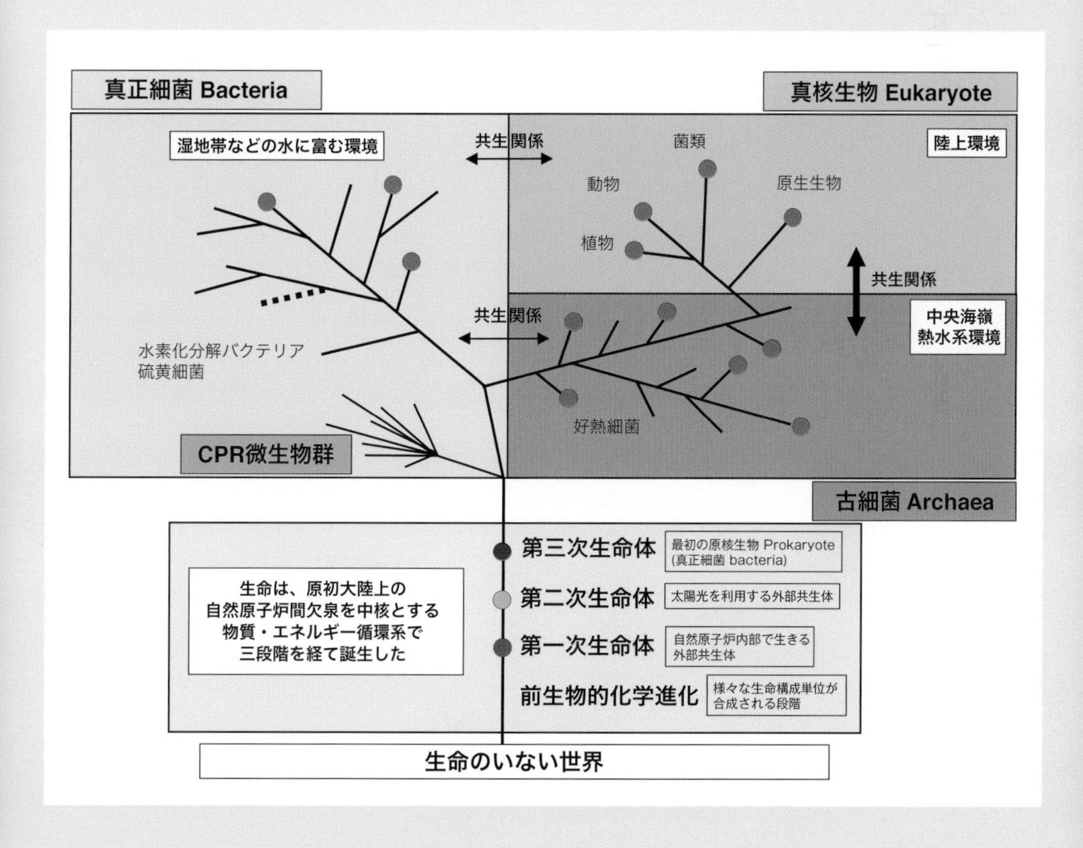

Chapter 6 生命進化の第3ステージ

23億年前、天の川銀河と矮小銀河が衝突してスターバーストが起きた。誕生した星の中でも特に大きな星は次々と超新星爆発を起こし、大量の宇宙線を宇宙に放出した。そのとき、太陽系も大量の宇宙線に襲われた。

宇宙線は、地球の大気中では雲核を形成する原因になる。その結果、地球は厚い雲で覆われ、地球全体の気温が低下し、全球凍結に陥った。全球凍結によって、シアノバクテリアをはじめとする生物の大量絶滅が起きた。

23億年前、天の川銀河と矮小銀河の衝突が起きた

■23 億年前　全球凍結による大量絶滅

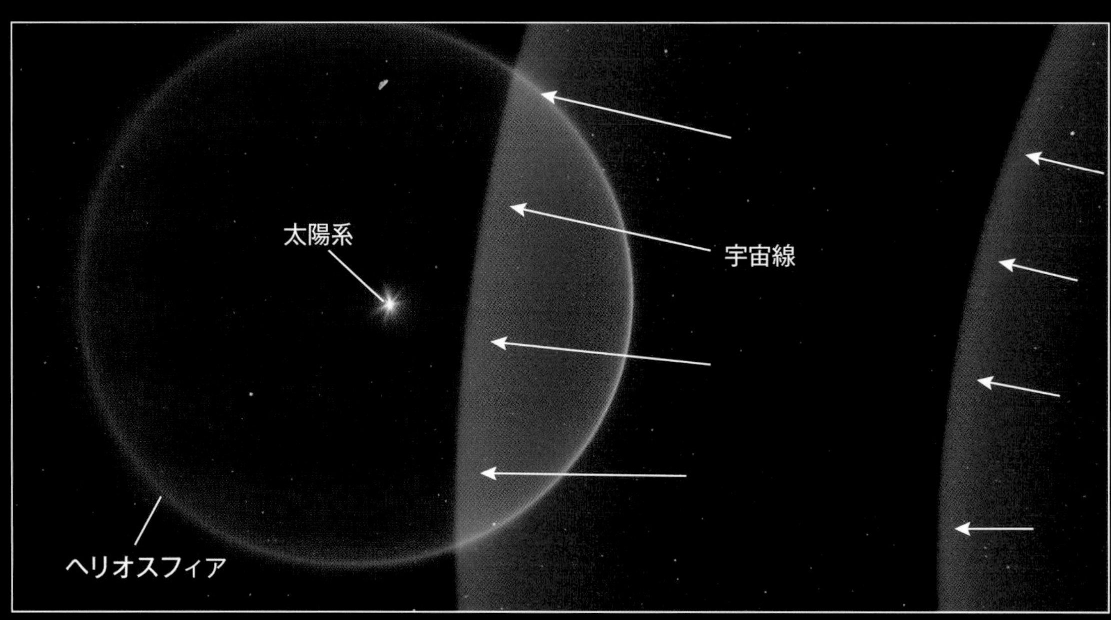

▲太陽系を襲った大量の宇宙線。

23億年前、我々の太陽系を含む天の川銀河と矮小銀河の衝突が起き、爆発的な星形成（スターバースト）が始まった。新たに誕生した星の中でも特に大きな星は数千年のうちに次々と超新星爆発を起こし、大量の宇宙線を放出した。太陽系にも大量の宇宙線が飛来し、「ヘリオスフィア（太陽風が届く範囲）」は縮退した。通常、地球はヘリオスフィアによって宇宙線の飛来から守られているが、ヘリオスフィアの縮退によって、スターバーストによる宇宙線は、そのまま地球にも降り注いだ。

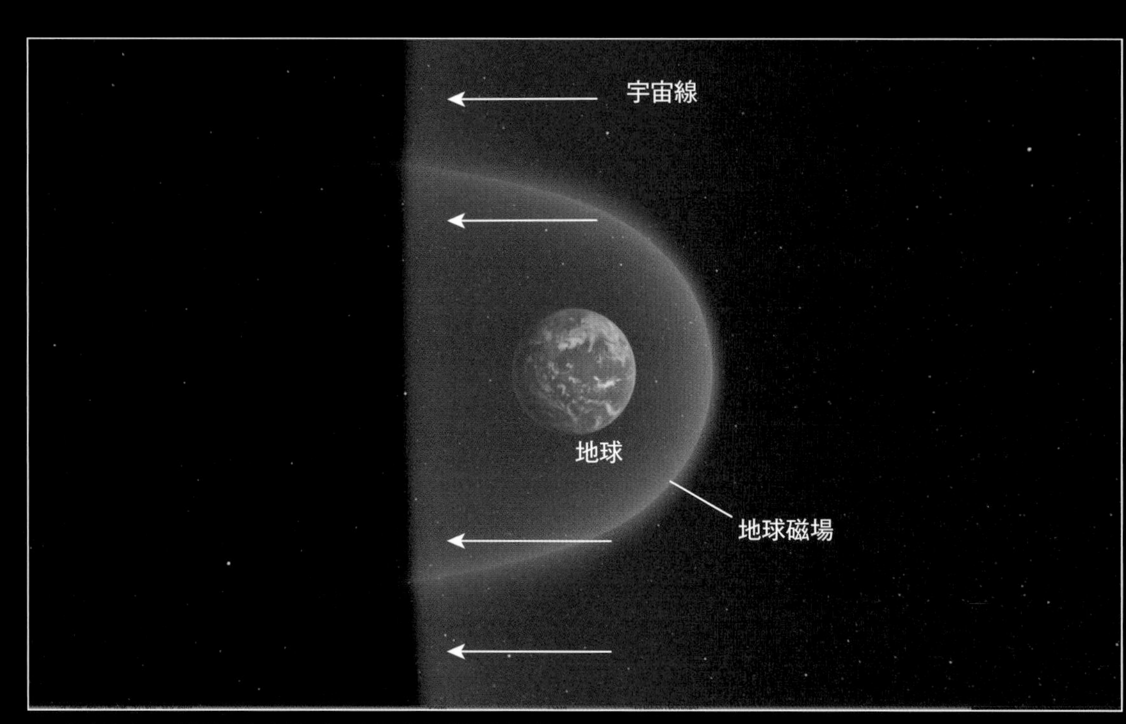

▲ヘリオスフィアが縮退し無防備になった地球に降り注ぐ宇宙線

地球に到達した宇宙線は雲核を生成した。宇宙線が地球の大気圏に入ると、大気中に浮遊しているダストや塵(ちり)と衝突し、それらをより小さく破砕する。それらが帯電することによって雲核(雲粒の核となる微粒子)となり、大量の雲を発生させたのだ。

そのため地球は雲で覆われ、太陽のエネルギーは十分地表に届かなくなり、「スノーボールアース」と呼ばれる全球凍結状態に陥った。

◀スノーボールアース化した地球。

▲全球凍結した地球の地表。

宇宙線の飛来が結果的に全球凍結を招き、十分な太陽光が地表に届かなくなった。その結果、太陽光を必要とするシアノバクテリアは大量絶滅を起こした。しかし火山の周辺や氷の下には、氷のベールに守られて、この厳しい環境に耐えた生命がわずかに存在していた。

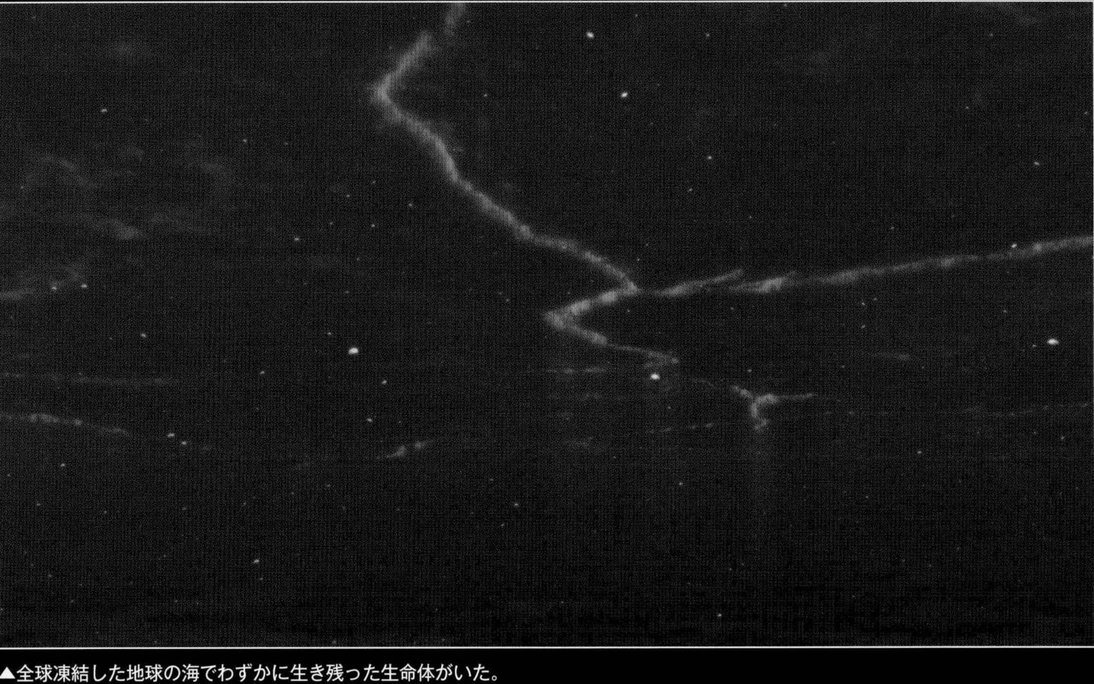

▲全球凍結した地球の海でわずかに生き残った生命体がいた。

地球は太陽を駆動力として、マントルから大気までを含む大規模なエネルギー物質循環系を持っている。そして、その中にバイオスフィア(生物圏)を形づくっている。生物圏や表層環境も含め、地球は宇宙の変動に大きく左右される。地球と宇宙は深く結びつき、全体がひとつのシステムとして機能しているのである。

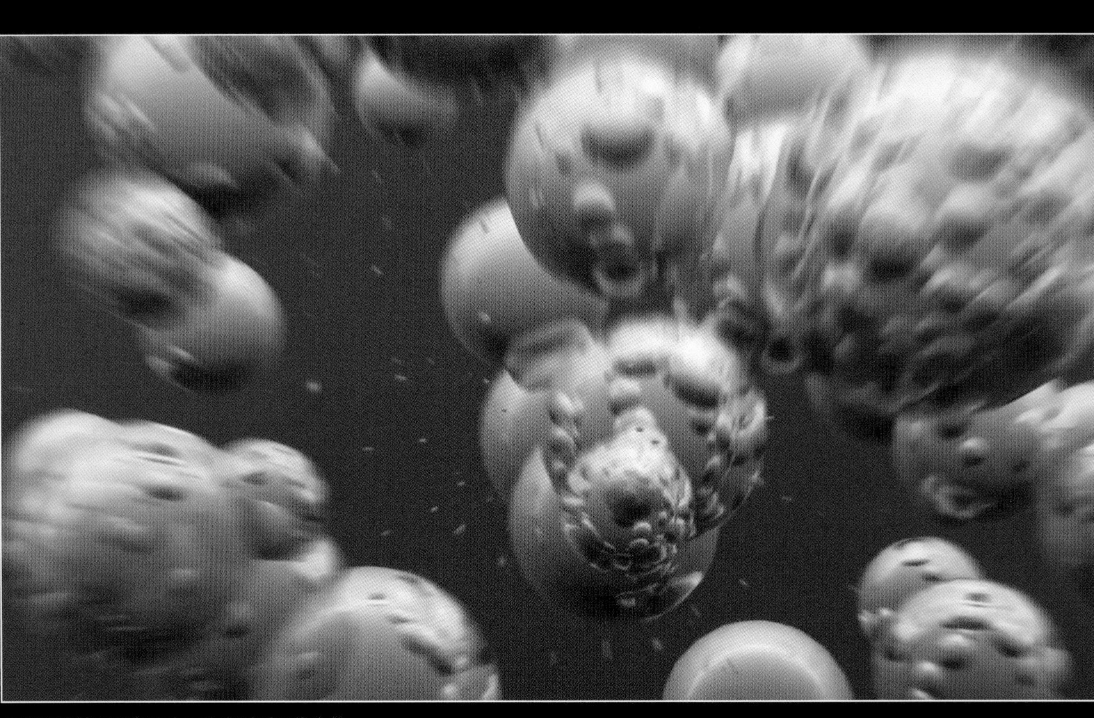

▲全球凍結下の海の中で生き延びる生命体。

海の水は地球に降り注ぐ宇宙線の影響を緩和して生命を守るバリアの役割を果たした。その海の中で生き延びたわずかな生命体(原核生物)は、全球凍結の中、長い年数を耐え抜きながら、さらなる進化の道をたどっていた。

■内部共生を拡大していった原核生物

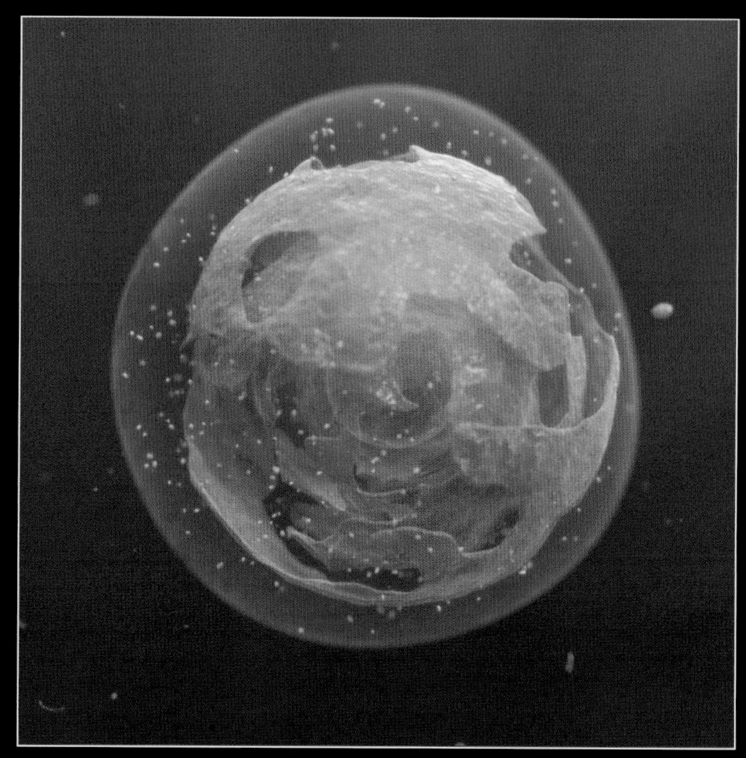

◀巨大化していった原核生物。

全球凍結による大量絶滅を生き残った原核生物たちは、他の生命体との内部共生をさらに拡大し、巨大化していった。

原核生物は、膜内に酸素を消費する呼吸細胞「ミトコンドリア」を取り込んだ。共生したミトコンドリアの数は数千個を超えた。

そればかりではなかった。彼らは酸素発生装置であるシアノバクテリアを葉緑体として体内に取り込み、酸素によるより大きなエネルギーを使えるようになっていった。

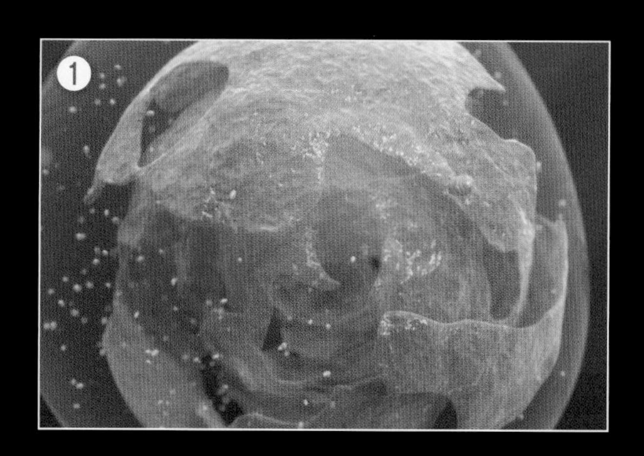

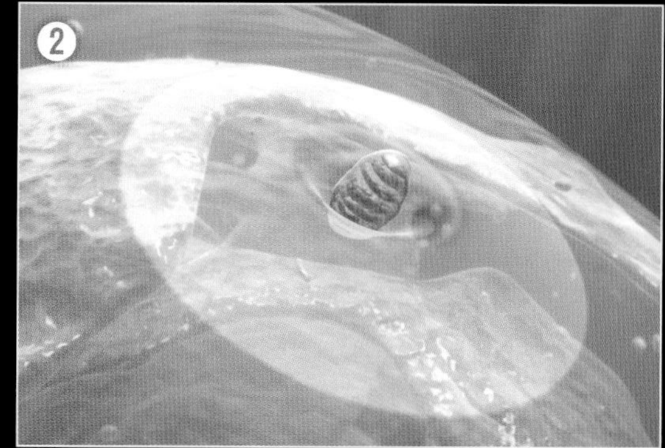

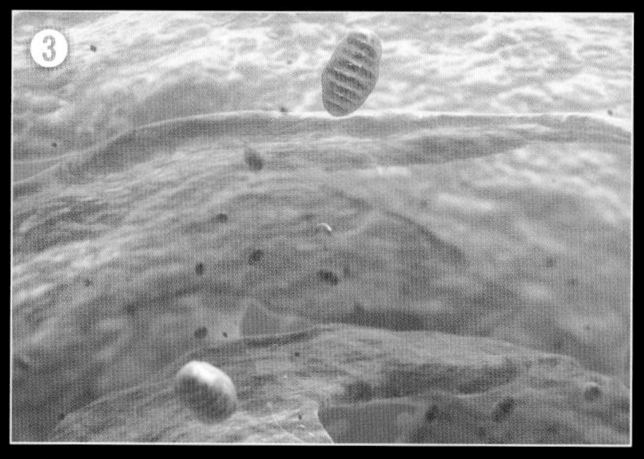

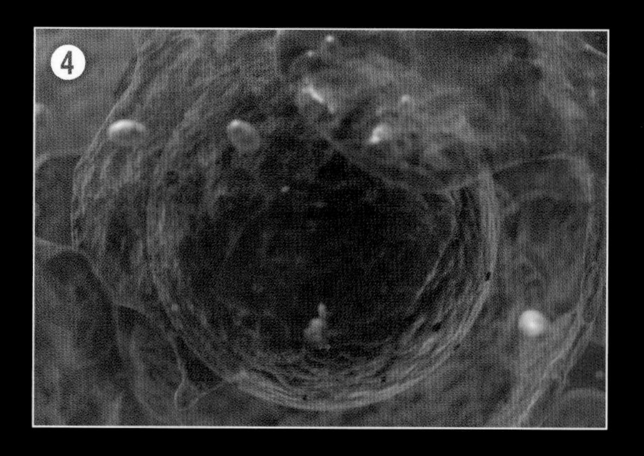

▲膜内に入り込むミトコンドリア。

COLUMN ①生命とは何か

現在、生物学において「生命」の定義として挙げられているのは、①膜（自己と外界との境界）、②代謝、③自己複製、の3つの要素である。膜によって、生物を外界と区別し、代謝によって寝ている間でも体内の化学反応を維持し、そして子供をつくって子孫に命を受け継ぐ。

この3つの要素は、人間のような大型動物や植物だけでなく、冥王代に誕生した最初の生物も同じように持っていた。その意味では、冥王代の生物は、まさに生物の定義に当てはまる存在だったと言える。

そうした生物に対し、ウイルスは現状では「生物ではない」とされている。「ウイルスは子孫を残すために、別の生物に寄生しなければならないため、3つの定義を満たしていない」というのが、その理由である。しかし、ウイルスが生きていないかというと、そうではない。彼らは条件を満たせば自己複製が可能であり、生物としての条件を満たしているようにも見える。そういう意味では、生物の定義を見直す時期に来ているのかもしれない。

では、「生命」と「生物」の違いはいったい何だろうか？　生物とは、イヌ、ネコ、ヒトといった実態に対する名称である。それに対して、生命とは生物が生存していくうえで起こる抽象的な現象のことを指しており、“生きている何かがいる”ということを意味している。つまり、「生命」を定義するためには、生きているということを定義に加える必要があるが、この生きているということを具体的に表現すると、「継続し続ける化学反応」ということができる。

化学反応が永続して起こるためには、元素が水に溶け、イオンになる必要がある。基本的には代謝の反応は水の中で起きるからだ。そして、生物の体内では、その反応は連続的に続いている。しかも1種類の反応が進んでいるのではない。アミノ酸からタンパク質に至るまで、あらゆる物質の連鎖反応が秩序立って進行し、代謝だけでなく、自己複製までも行っている。その能力を、40億年前に生まれた最初の生物たちは備えていたし、それが現在の今の私たちにまでつながっているのである。生物という存在がいかにすごいものかがわかるだろう。

この化学反応が途切れると、生物は死に至る。化学反応が途切れるということは、化学平衡に達するということである。そうなると、体内の化学反応が止まってしまう。つまり、生命とは、絶え間なく続く非平衡反応であり、これが生きているということの意味である。

もっとストレートに言うと、「代謝とは電子の移動（流れ）」である。電子が流れることによって、化学反応が進み、生命のビルディングブロックが生産され、生命現象が可能になるのだ。

この電子の流れは、生命誕生の場としての自然原子炉間欠泉システムにおいても、重要な役割を担っていた。生命誕生の場と生命を見比べてみると、生命は、生命誕生の場をその細胞の中に詰め込んだように見える。自身の細胞の中に疑似的な生命誕生の場をつくり出しているのである。

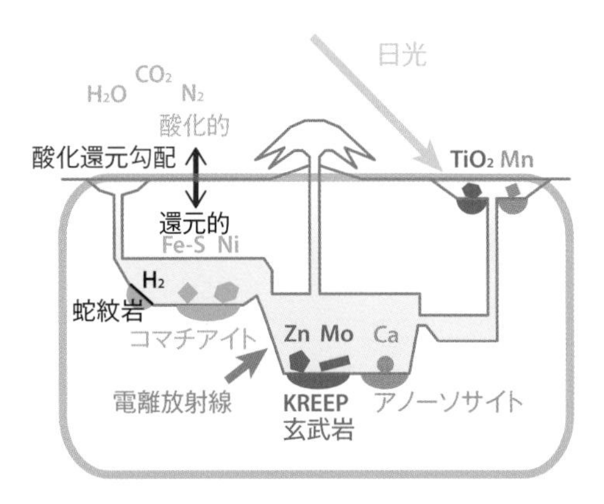

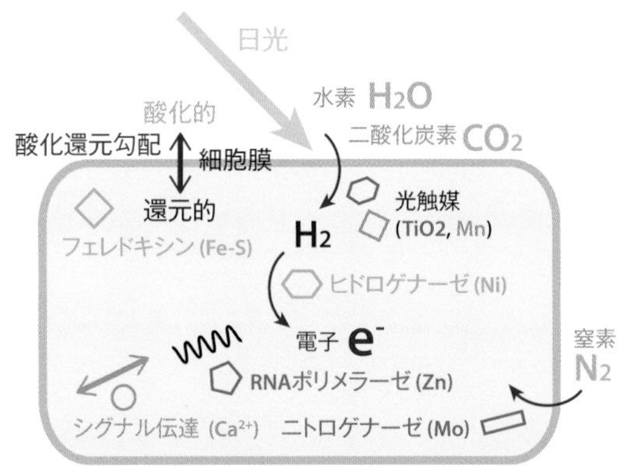

（吉屋・佐藤・大森・丸山、2019、地学雑誌を改変）

②生物の分類

最初に生物の分類を試みたのはスウェーデンの生物学者であり植物学者であったカール・フォン・リンネ（1707～1778）である。彼は、地球上の生物を動物界と植物界に二分し、二界説を提唱した。その後、単細胞生物の発見によって原生生物（Protista）界が加わり、ドイツ人生物学者のエルンスト・ヘッケル（1834～1919）による三界説へと発展した。さらに、これら単細胞生物の細胞構造が明らかになるにつれて、細菌とそれ以外の生物の構造が大きく異なっていることが発見され、アメリカ人生物学者のハーバート・コープランド（1902～1968）によって、生物の最上位分類として、モネラ界が提案された。

1969年には、アメリカ人生物学者のロバート・ホイタッカーがこれをさらに発展させ、五界説を提案した。彼は、生物の栄養摂取の方法に着目し、摂食消化を行う動物と光合成による栄養摂取を行う植物に加え、表面での栄養吸収を行う菌類を区別して菌界という独立した界に置いた。これが動物界、植物界、菌界、原生生物界、モネラ界からなる五界説である。

その後、イギリス人の進化生物学者キャバリエ・スミス（1942～）による八界説の提案などが試みられたが、現在では五界説という分類体系が標準的な分類区分とされている。

五界説は現在も受け入れられている考え方ではあものの、分子生物学の分野においては遺伝情報を基盤として生物種を分類する方がより客観的であると判断されている。1977年に、アメリカ人微生物学者のカール・ウーズ（1928～2012）はジョージ・フォックス（1945～）とともに、細胞のタンパク質合成に関わる巨大分子複合体であるリボソームを構成するリボソームRNAの塩基配列に着目し、その配列の違いによって生物の分類を行った。リボソームRNAはすべての生物に存在しており、基本的には進化的に近縁な種間であるほど配列も類似していることからこの塩基配列に基づいて生物を分類できる。ウーズらはリボソームRNAの部分配列を比較することで、原核生物をさらにバクテリアとアーキア（古細菌）に分類した3ドメイン説を提唱した。実際に細胞構造の面でバクテリアとアーキアは類似しているものの、タンパク質生産において必須とされるいくつかの遺伝子配列の比較では、アーキアはバクテリアよりむしろ真核生物に近いことが示唆されている。

生物の分類における現代の課題は、異なる分類基準（形態とゲノム）のもとに導かれた分類を「統合」しようとしているために混乱を招く事態に陥っている。この混乱を整理するために、例えば、原核生物の中にさらに桁違い（けたちが）に小さい体のCPR微生物群（P61参照）が発見されている。クライオ電子顕微鏡（低温電子顕微鏡）などを使って形態を調べて、基本的分類が整備しながら、パラレルにゲノム解析を進め、それら2つを比較検討しながら、進化系統樹を探る必要がある。

③原核生物から真核生物へ：生命の進化の加速

1μm（マイクロメートル）の原核生物が、自らの細胞の中にオルガネラと呼ばれる細胞小器官を有する真核生物になったとき、その体積は100万倍にまで巨大化した。

彼らの細胞内には、様々なオルガネラが存在する。ミトコンドリアや葉緑体はこのようなオルガネラの一種だが、どちらも高度に発達し、独自の遺伝子を保有している。そのため、もともと別の細胞が細胞内に共生したのではないかと考える「細胞内共生説」が有力だと考えられている。

生命は、単細胞の原核生物（大きさ1～10μm）として冥王代（めいおうだい）に誕生した後、およそ23億～20億年前に真核生物へと一気に進化し、その体積は100万倍に巨大化した。

その後、真核生物は多細胞化し、およそ8億～5億年前に、再び100万倍に巨大化し、現在の動物や植物へとつながる多生物共生体となった。

つまり、生物は冥王代に誕生した後、2回にわたって巨大化し、しかもその巨大化はある時期に一気に起きている。そこで考えられるのは、生命は、時間とともに徐々に進化したのではなく、巨大化が起きた時期に、進化の加速が起きていたということである。

生物学者の中には、生命の進化速度は一定だと考える人たちもいる。しかし、彼らの計算によれば、原始生物から人間まで遺伝子が進化するのに150億年が必要である。150億年という時間は、宇宙の年齢(138億年)より長い。しかも、地球の生命は、冥王代に誕生してからわずか40億年で人間まで進化している。それを考えると、生命の進化速度は一定だと考えるより、進化が加速する時代があると考えるほうが自然である。

では、生命進化が加速した原因とは何か？　現在、提案されている最新モデルでは、全球凍結が生命進化の加速を招いたと考えられている。全球凍結が大量絶滅を引き起こし、それが結果的に生命進化の加速を引き起こすのである。

全球凍結というと、数億年間地球が凍りづけの状態になるという印象を持つが、実際は、数百万年間、地球が凍りついた後、再び元の温暖な地球に戻り、その後再び、数百万年間にわたって全球が凍りつくという繰り返しが何回も起きる時代のことである。つまり、極寒期と極暑期の繰り返しの時代というのが真相だ。

地球がいったん赤道まで凍りついてしまうと、太陽光をもとに酸素を発生させていた植物は死滅する。光合成植物が死滅してしまうと酸素が徐々に減少する。すると、酸素を利用する動物も死滅する。これが極寒期に起こる大量絶滅である。しかし、酸素がなくても生きていられる嫌気的微生物にとっては、黄金時代の到来である。

それまで地下深くにもぐって酸素から逃げていた嫌気的微生物は、我が世の春を迎えて、地球表層に進出する。だが全球凍結は永遠には続かない。やがて全球凍結が終わると、わずかに生き残った光合成植物が再び復活して酸素を出し始め、地球表層には再び酸素が蓄積する。

この蓄積されていく酸素は、基本的に生命にとっては「毒」である。生命を構成している有機物を酸化してガスにしてしまうからだ。したがって酸素濃度の増加は、ゲノムにダメージを与えて突然変異の確率を上昇させる結果を招く。

全球凍結の間に地表に進出した嫌気的生物たちは、酸素から逃れるか、あるいは酸素に適応するかという試練の時代を迎える。しかし、この試練を乗り越えると、新たな時代環境に適応した微生物が次の時代の覇者になり、新たな生態系をつくり出す。

これが生命進化のシナリオである。大量絶滅で生物がすべて死に絶えた後に、まったく新しい生物がゼロから誕生するということではない。わずかに生き残った生物が、新しい環境に適応する中で新たな生態系をつくるということが、大量絶滅の後に起こる出来事なのである。

では、全球凍結はなぜ起きるのか？

それは、宇宙でスターバーストが起こるからである。スターバーストは、銀河同士の衝突が原因で、星の生成率が爆発的に増える現象である。この時期には、高エネルギーの粒子が宇宙から地球に大量に降り注ぐ。すると、地球を覆う雲が増え、全球凍結を招くのである。他方、高エネルギー粒子は、生物のゲノムを傷つけ、突然変異の確率を上昇させる。このことも、生命進化を加速させる一因になっている。

生命進化は、宇宙の変動と密接に関係しているのである。

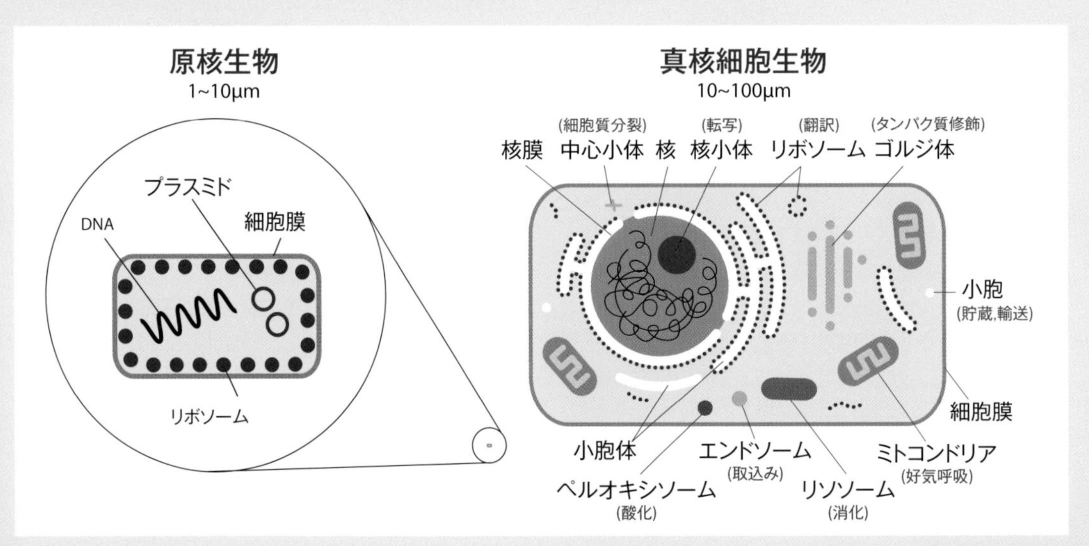

図版作成：佐藤友彦

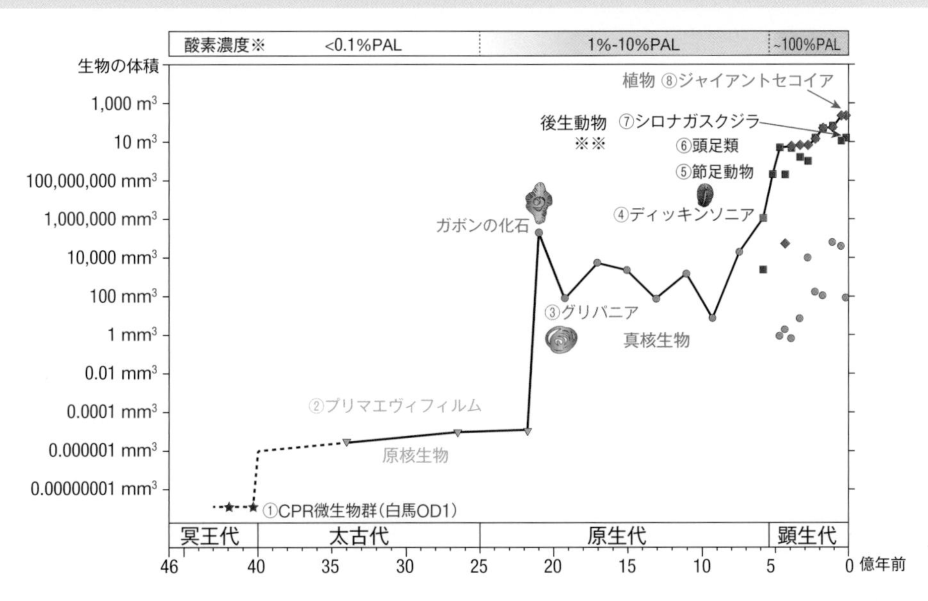

※PAL(Present Atmospheric Level)：現在の酸素濃度を1PAL、あるいは100%PALとして、過去における大気酸素濃度がどれぐらいだったかを表す単位。10%PALは現在の10%程度の酸素濃度レベルであることを示す。
※※後生動物：多細胞からなる顕生代の動物のこと。

図版作成：佐藤友彦

①**CPR微生物群**：近年、蛇紋岩（じゃもんがん）熱水系（＜50℃）で"Candidate Phyla Radiation (CPR)"と呼ばれる微生物群が発見され注目を集めている（P61参照）。その中でもOD1と呼ばれる微生物は最も原始的な生物の特徴を保存していると考えられるようになってきた。例えば、サイズはナノメートル程度で原核生物の平均サイズ（10μm（マイクロメートル）径）よりもさらに1〜2桁（けた）ほど小さい。タンパク質製造工場である「リボソーム」の存在も確認されているが、大腸菌のリボソームよりもはるかに小さい。また、OD1の遺伝子数は400程度に過ぎない。OD1の中でも特に、長野県白馬村で見つかった白馬OD1は、現存する最も原始的な微生物であると考えられている（P78参照）。

②**プリマエヴィフィルム**（Primaevifilum）：約34億6500万年前の地層から微化石として発見された。体長はμmサイズの原核生物であると考えられている。

③**グリパニア**（Grypania）：21億年前頃に生きていた藻類の一種の化石ではないかといわれている。コイルを巻いたような形状が特徴。グリパニアは最古の真核生物だと考えられてきたが、アフリカのガボン共和国でグリパニアより少し前の時代（約22億年前）の地層から真核生物だと思われる化石が発見されている。

④**ディッキンソニア**（Dickinsonia）：P98参照

⑤**節足動物**：昆虫類、甲殻類、クモ類、ムカデ類など、外骨格と関節を持つ動物。カンブリア紀に大繁栄した三葉虫は節足動物の仲間の化石である（P107参照）。

⑥**頭足類**：現存するイカ、タコ、オウムガイや、すでに絶滅したアンモナイト等が頭足類に含まれる。

⑦**シロナガスクジラ**（Blue whale）：地球史において存在した動物の中では最大の現存する生物種。シロナガスクジラの中でも最大級のものは体長34mに達する。

⑧**ジャイアントセコイア**（Giant sequoia）：現存する最大の植物。樹高は80mを超え、樹齢は1000年以上に及ぶ。

上図は、生物の体のサイズが地球史46億年を通じてどのように巨大化してきたかを示したものである。地球表層環境のパラメーターのひとつである酸素濃度の変化と比較すると、体のサイズの段階的巨大化と酸素濃度の段階的増加はほぼ同調している。

生命が誕生した冥王代の時代は遊離酸素がほとんどなく、局所的水素発生場で白馬OD1は誕生したと考えられる。太古代になるとμmサイズの原核生物の時代になり、シアノバクテリアがつくり出す酸素によって大気酸素濃度が上昇すると、約22億年前頃に体のサイズは一気に100万倍になり真核生物に進化した。その後、約6億年前になると再び酸素濃度が急上昇し、ここでも生物は100万倍に巨大化し、後生動物や植物へと進化した。

■核膜の獲得

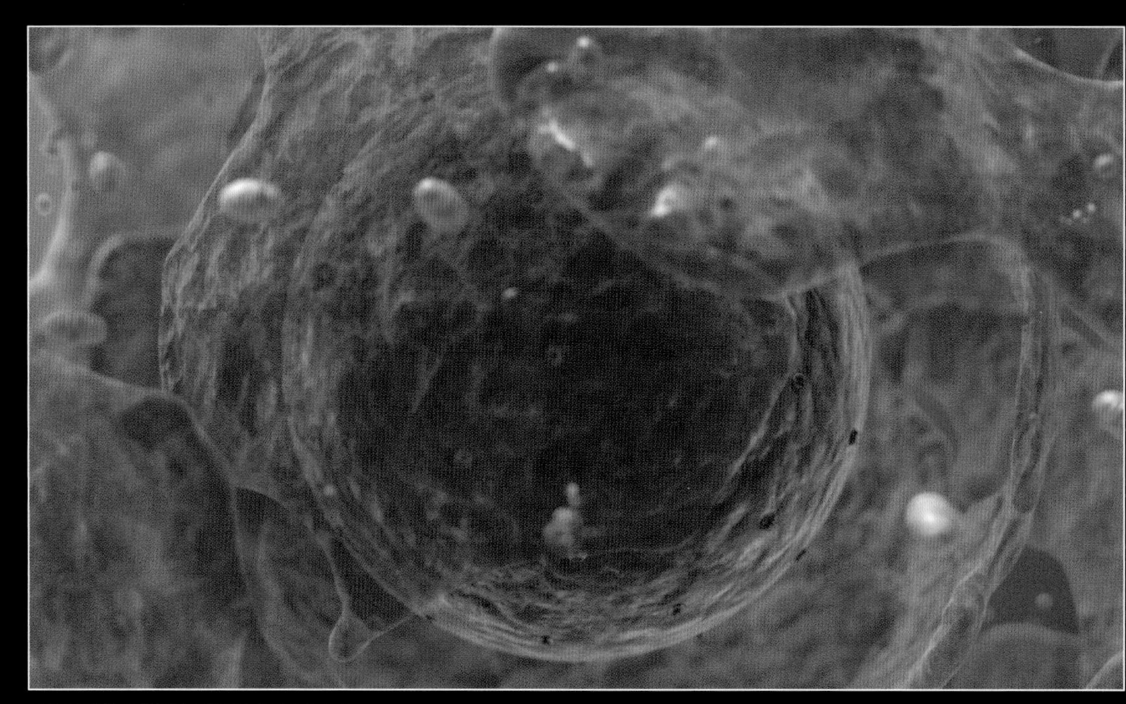
▲原核動物の細胞内で核膜がつくられた。

やがて生物は核膜を獲得し真核生物へと進化した。真核生物とは、体を構成する細胞の中に細胞核と呼ばれる細胞小器官を有する生物であり、ヒトも含まれる。

真核生物の持つ核膜はDNAを酸素から守り、核膜に守られたDNAはより巨大化して、さらに多くの「生命の配列」を保持できるようになっていった。

巨大化したDNAにより生命体はますます複雑で多様な生命体を生み出す能力を身につけた

◀DNAは核膜に守られ、巨大化した。

■真核生物の誕生

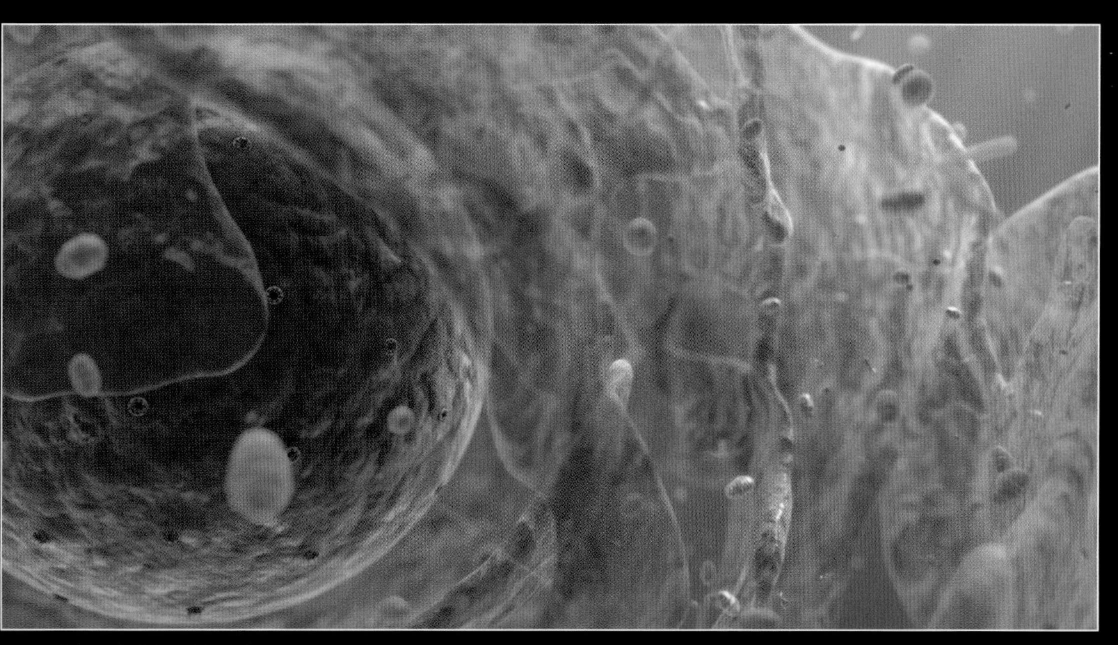

▲より複雑で多様な生命体を生み出すことができる、長大な高分子も出現した。

新たに出現した生命体「真核生物」の大きさは、原核生物の実に100万倍に及ぶほど巨大なものだった。

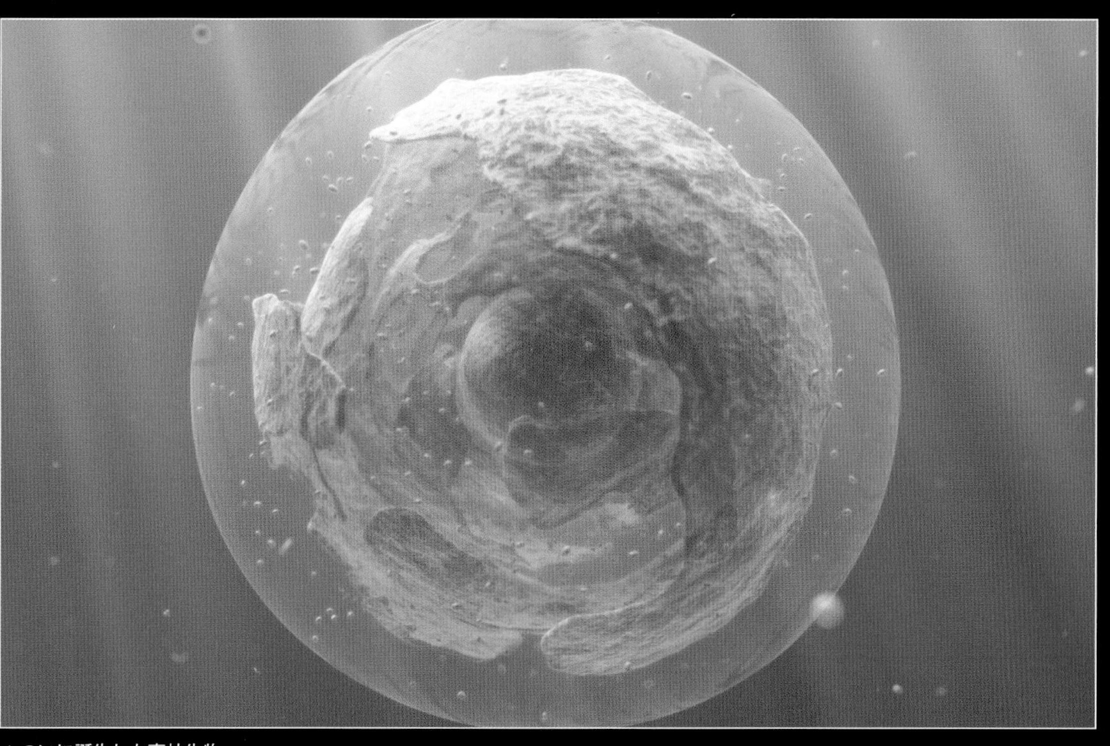

▲ついに誕生した真核生物。

大量絶滅の危機にさらされるたび、生命の大進化は繰り返されてきた。自然界は、放置しておけば秩序から無秩序へと向かう。

しかしそれとは逆に、より整然と複雑化していく生命の姿は、いわゆるエントロピーの法則に逆らっているかのように見える。

Chapter 7 生命大進化の夜明け前

原生代の地球では大陸地殻が効率よく成長し、超大陸が形成され、大陸の分裂・発散・衝突融合が繰り返し起きる時代になる。一方、地球が赤道地域まですべて凍りつく全球凍結と呼ばれる異常な事態が2回も起きた。しかし、全球凍結後には生物が急激な進化を短期間に遂げる大進化の時代が訪れた。

■19億～18億年　超大陸形成

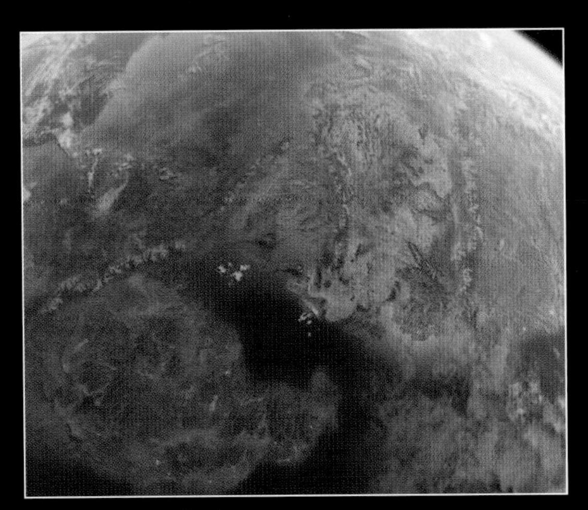

▲超大陸ヌナが誕生した。

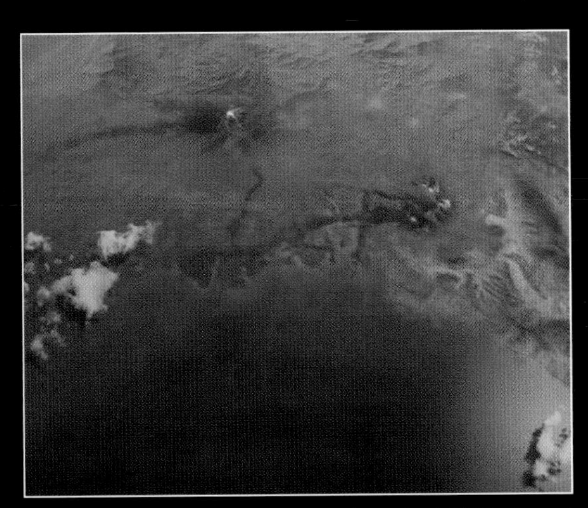

▲超大陸ヌナの湖水周辺では、シアノバクテリアが繁殖していった。

今から19億～18億年前、プレートテクトニクスによって誕生し始めた小大陸が融合し合い、「超大陸ヌナ」（「ヌーナ」とも呼ぶ）が出現した。超大陸の出現は、地球上の陸地面積を増大させた。拡大した大陸上の湖水環境ではシアノバクテリアが大繁殖し、河川周辺や湿地帯、あるいは海水と真水が混じり合う汽水域、さらには水際の浅瀬や地上へとその生息範囲を広げていった。

■大気の酸素濃度を上げたのは陸上に進出したシアノバクテリア

大気の酸素濃度が上昇した原因は、陸地面積の増大である。

大陸上の生物は、死んでしまうと有機物として酸素と反応して再び大気成分に戻る。大陸上で風化侵食作用が起こり、湖水や浅海で有機物が埋没すると、有機物の酸化プロセスが遮断される。その結果、大気中の酸素は利用されずに、そのまま大気に蓄積していく。これが大気中の酸素濃度が増加するメカニズムである。

水中に生息していたシアノバクテリアは、やがて陸上の湖水環境や湿地帯にも繁殖し始め、生息域を広げ、より大量の酸素をつくり出していったが、面積の小さい陸地しかなかった太古代の地球では、大気中に残される酸素の量は少なく、大気中の酸素の増加率はわずかなものにとどまっていた。

しかし、広大な陸地が広がり、シアノバクテリアのバイオマス（生物体の総質量）が増加すると、それに伴って大気に大量の酸素を供給し始めた。

こうして、陸上に進出したシアノバクテリアは、さらに生息域を広げ、数を増やすと同時に、盛んに酸素をつくり出していった。

陸地面積の増大がシアノバクテリアの生息域の拡大を可能にしたことによって、地球の大気中酸素濃度の飛躍的な増加へとつながっていったのである。

シアノバクテリアがつくり出す酸素は、地球史を通じて、大雑把（おおざっぱ）に三段階で増加していく。具体的には、大気中の酸素濃度は、①現在の1000分の1（太古代レベル）、②現在の100分の1（原生代レベル）、③現在（顕生代）のレベル 、である（P79図参照）。酸素濃度急増の過程には全球凍結期があり、極寒期と極暑期の繰り返しによって酸素濃度は大きく変動する（P86参照）。極寒期にシアノバクテリアが大量絶滅し、酸素濃度が極端に低下してしまっても、表層環境が温暖化し極暑期に向かうと、巨大な陸地面積に支えられてシアノバクテリアの酸素発生活動は活発化し、大気中の酸素を増大させていった。

①大陸成長と生命進化の関係

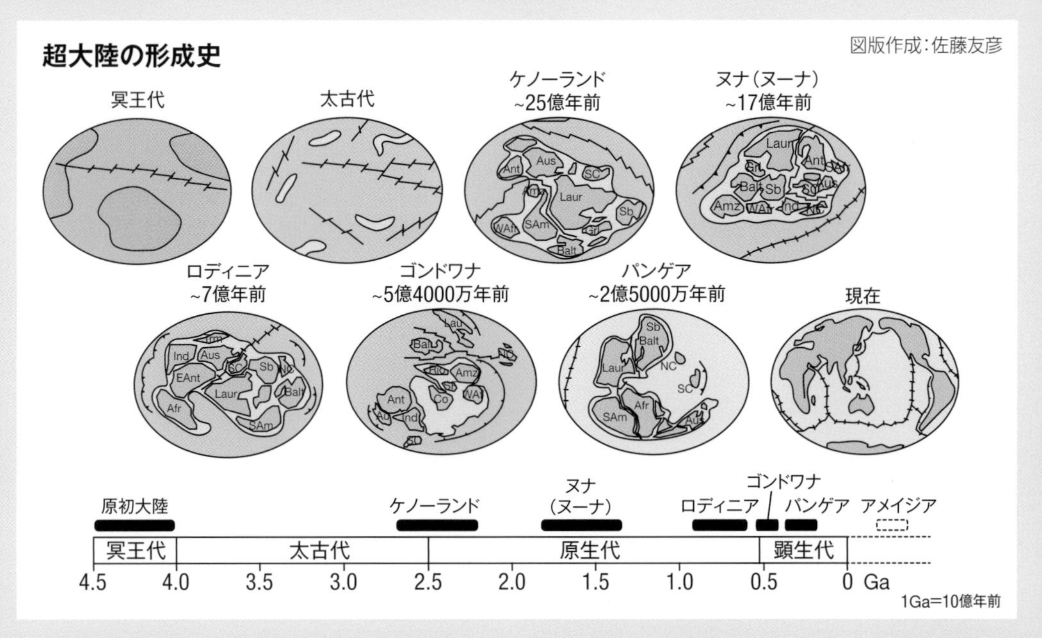

大陸成長の歴史は、現世の河川の河口付近に堆積している砂の中にあるジルコンという微小な鉱物を分析することによって知ることができる。

ジルコンの結晶は、堆積作用や変成作用を受けてもほとんど変質しない。そのため、堆積物になっても、ジルコンが形成されたときのマグマの固化年代をそのまま情報として記録しているからである。

そのデータを、世界の造山帯の形成年代の調査と組み合わせることによって、地球史における陸地面積の変化が明らかになった。

それによれば、原生代末の25億年前頃、地球表層における陸地面積が占める割合は地球全体のおよそ4.5％だった。

しかし、約６億年前になると、その割合は約24％に増加した。そして、現在までにその割合は約30％まで増加したということが明らかになった。

このように、巨大な陸地が出現することは地球表層環境や生物にとって極めて重要である。

なぜなら、陸地は生命維持に必要な栄養塩と有機物（生物の死骸）を供給する栄養母体だからだ。

陸地面積が増大することは、バイオマスが増加し、生態系が豊かになり、生命進化の加速が起きるということを意味している。

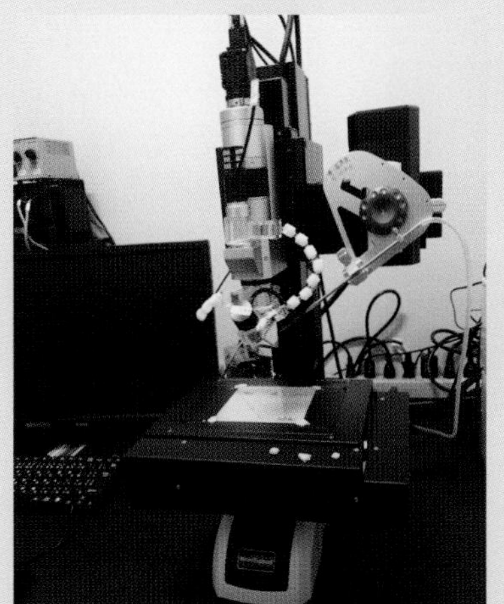

「冥王代生命学の創成」研究グループは、太古代の堆積岩から冥王代ジルコンのみを選択的に分離する自動選別装置を世界で初めて開発した（写真左）。写真下は、1週間の間に機械によって抽出された1万粒のジルコン結晶である。自動選別装置を使うことによって、この中から、冥王代ジルコンが200粒発見され、そのうちの10個は歴代最古の43億年前の時代を示すジルコンであることが判明した。

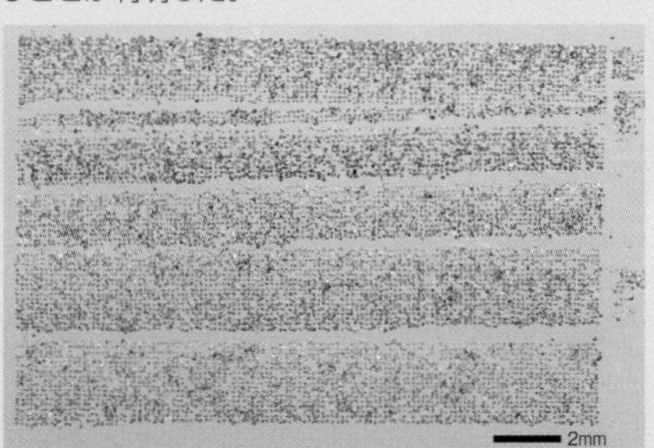

(Isozaki et al., 2019, Geoscience Frontiers)

②酸素から逃れて生き延びていた嫌気性生物と地下生物圏の持つ意味

大気中の酸素濃度の増加は、「好気性生物」にとって大きなチャンスとなったが、地球上に遊離酸素がなかった時代に脈々と命をつないでいた「嫌気性生物」にとっては、まさに絶滅のピンチだった。しかし、彼らが死に絶え、姿を消すことはなかった。絶滅していった嫌気性生物とは別に、一部の嫌気性生物は酸素の影響を受けない場所……例えば、酸素濃度の低い深海や地下環境で生き延びた。

地下環境における酸素濃度を見ていくと、深部へ行くほど酸素濃度が低くなる。つまり、地下へ行くほど古い時代の酸素環境が保存されていることになる。

大雑把にまとめると、①大陸棚地域の有光層帯（水深200mより浅い領域で高溶存酸素；現生の動植物群の生息場の10分の1程度の酸素濃度。これは顕生代の環境に相当）、②大陸棚斜面（水深200～1000mで低溶存酸素；7億年前の原生代末期から古生代前期の生物の生息場に相当）、③軟泥中の微生物生態系（水深1000m深度以上、最低溶存酸素量；原生代後期の微生物群の生息場に相当）の３つのグループに分類できる。

ちなみに、冥王代の地球環境は遊離酸素がゼロであることに加えて、大量の水素が発生する環境だった。そのため、今、地下深くに潜ったからといって、まったく冥王代と同じ環境になるわけではない。しかし、蛇紋岩㊟と水が反応する場は水素発生場となるため、冥王代の環境を局所的に再現する場（長野県白馬八方温泉など）となっており、そこに生息する微生物がいれば、それは冥王代型生物であるということができる。

こうした地下環境に生息する生物を調べると、古い時代から進化していない「化石生物」の情報を得ることができる。

㊟蛇紋岩：ほとんどがマグネシウムの含水ケイ酸塩鉱物である蛇紋石からなる岩石。その多くは、火成岩の一種であるカンラン岩が熱水変質作用によって形成されたと考えられている。

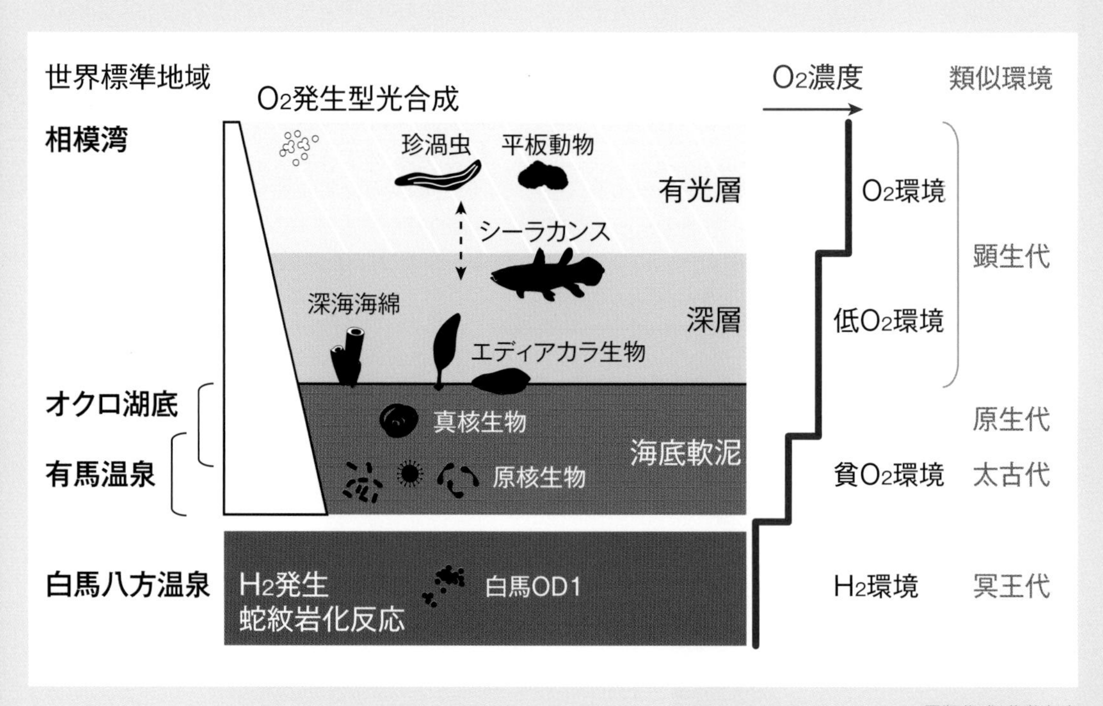

図版作成：佐藤友彦

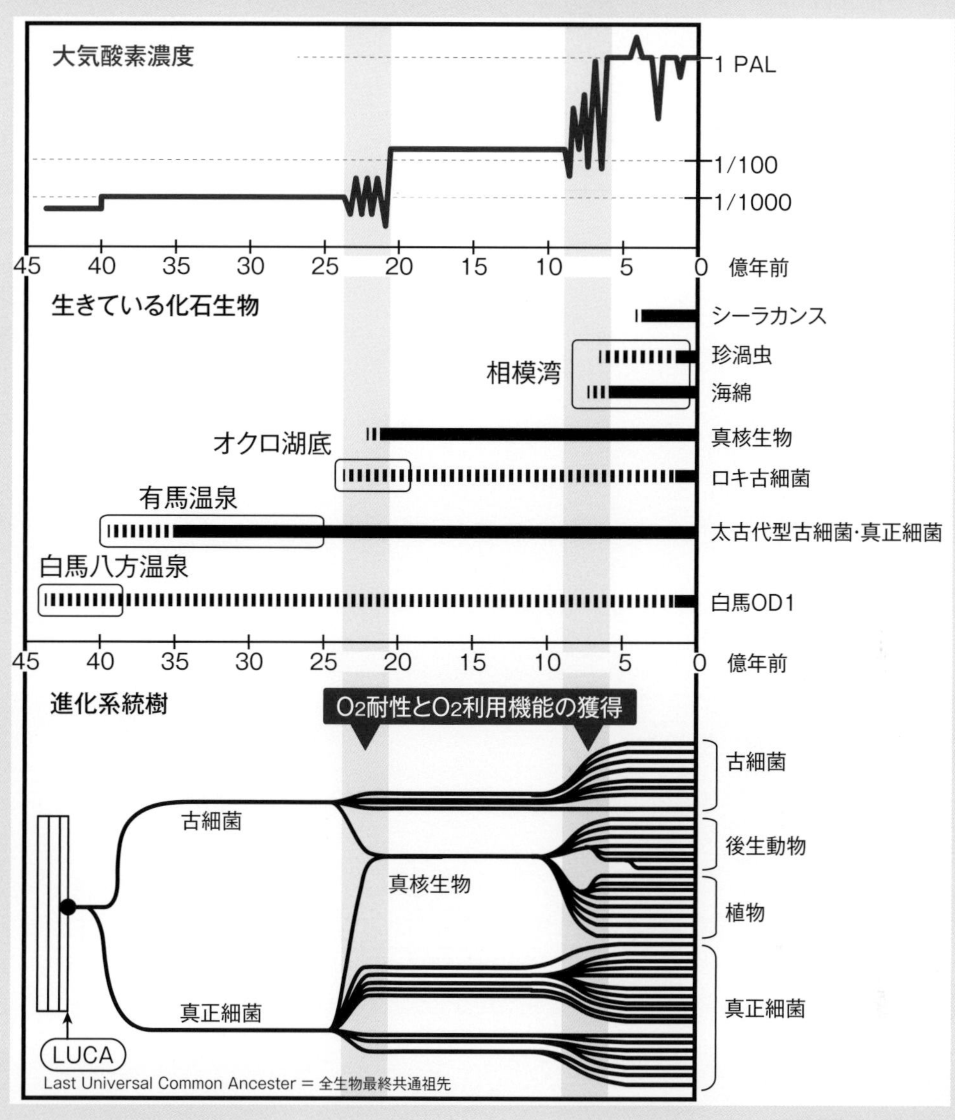

図版作成:佐藤友彦

③ダーウィン進化のパラドックス

生物学者であり地質学者であったイギリス人科学者チャールズ・ダーウィン(1809〜1882)は、進化を駆動するのはゆっくりとした環境変化であり、生物はその応答プロセスとして機能を進化させると考えた。しかし、地球表層環境が変化しているにもかかわらず進化していない生物がいる。

例えば、シーラカンスがその例である。シーラカンスは約4億年以上も前に出現したが、その後、進化が停止しているように見える。シーラカンスは「生きた化石」なのである。これはダーウィン進化のパラドックスである。

「生きた化石」は顕生代(約6億年前から現在の時代)に出現した大型生物だけに限らない。40億年前の微生物にまで「生きた化石」の発見が広がっている。「生きた化石」のゲノムをそれ以外の進化した生物と比較すれば、「生きた化石」を特徴づける古代から変化していないゲノムを抽出し解読することができる。また、「生きた化石」が棲息(せいそく)する環境の遊離酸素分圧の関係に着目しつつ、ゲノムの分類を進め、祖先型遺伝子をそのまま維持し続けている生物と、祖先型遺伝子に加えて新たな遺伝子が追加された生物の分類を試みる。こうした研究を今後進めていくことによって、新たな進化系統樹をつくることができるだろう。

■超大陸ヌナの分裂と超大陸ロディニアの誕生

超大陸はいったんできても、再び分裂する。離合集散を繰り返すのである。超大陸ヌナが分裂を始め、いくつかの小大陸が形成された後、それらの小大陸が赤道付近に集まり、再びひとつの大陸を形成していった。そして、超大陸「ロディニア」が生まれた。それは今から10億〜11億年ほど前のことだと考えられている。

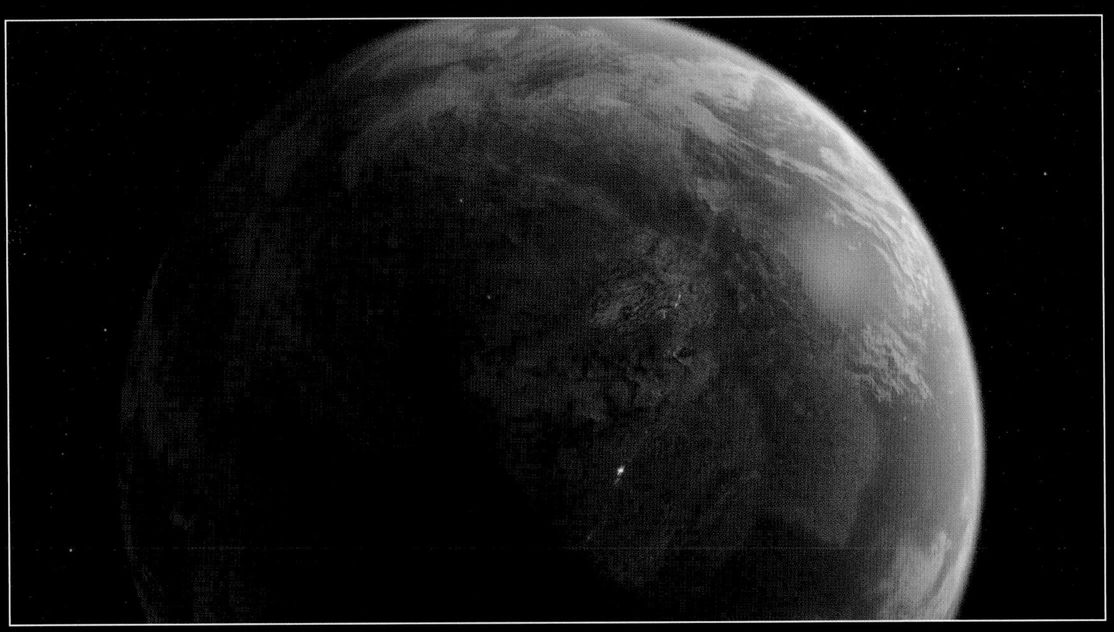

▲大地が裂け、分裂し始めた超大陸ヌナ。

▲分裂してできた小大陸が赤道近くに集まっていった。

超大陸ロディニアが形成されると、ロディニア縁辺部の沈み込み帯では、大陸プレートの下に海洋プレートが沈み込んでいった。沈み込んだ海洋プレートは、上部マントルと下部マントルの境界領域へ運ばれた。そして上部マントル最下部に蓄積し、冷たくなった海洋プレートのスラブは、やがて下部マントル深部へと崩落し、コア上部に達した。この冷たいスラブがコアを冷やすことによって、コア内部の対流を変化させ、その結果、地球磁場は双極子磁場から四重極磁場へと移行し、地球磁場は弱くなった。

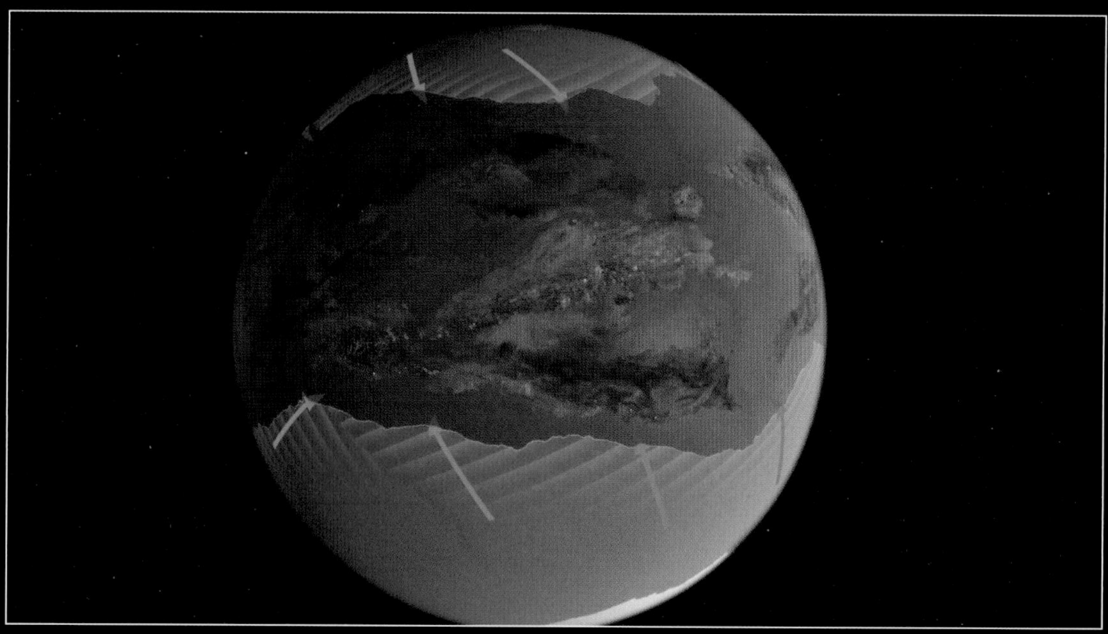

▲小大陸が集まってできた超大陸ロディニア。

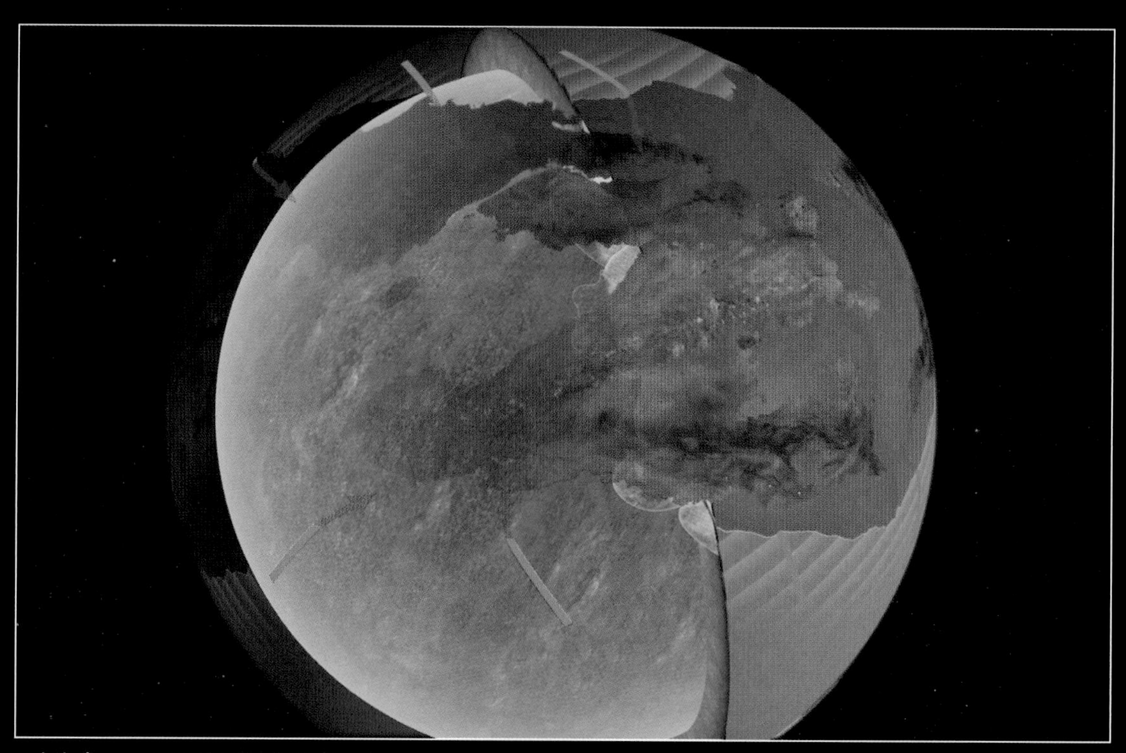

▲大陸プレートの下に沈み込む海洋プレート。

海洋プレートのコアへの落ち込みが引き起こした危機

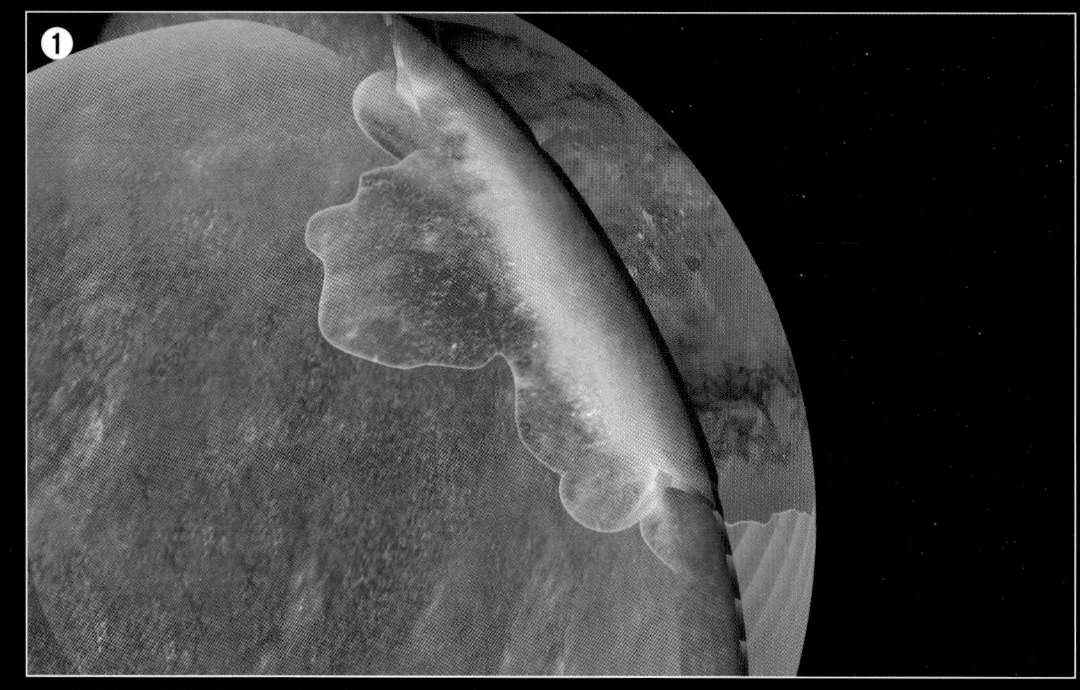

▲大陸縁辺部の沈み込み帯では、海洋プレートが大陸プレートの下へと潜り込んでいく。

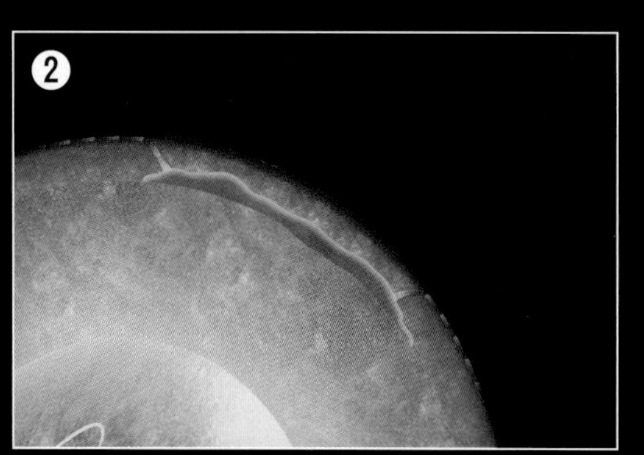

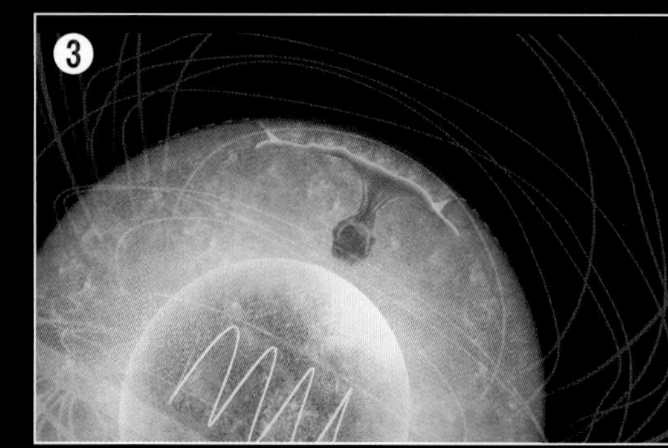

▲冷たいスラブは時間とともに核直上へと崩落していった。

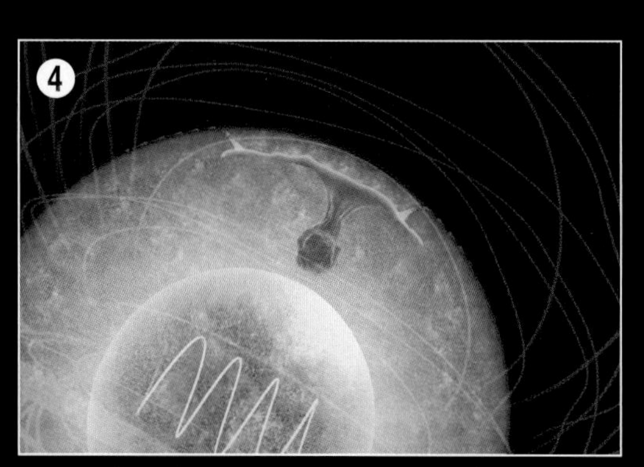

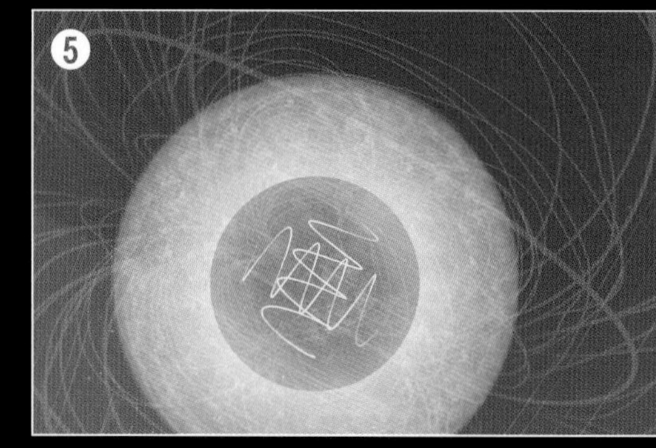

▲周囲に比べ温度の低いスラブは、コアの中に流れている電流に変化を起こした。

コア内部の電流が変化することによって、それまで双極子（そうきょくし）磁場だった地球磁場は、四重極（しじゅうきょく）磁場へと変化していった。その過程で地球の磁場は弱まり、宇宙放射線の影響を強く受けることとなった。

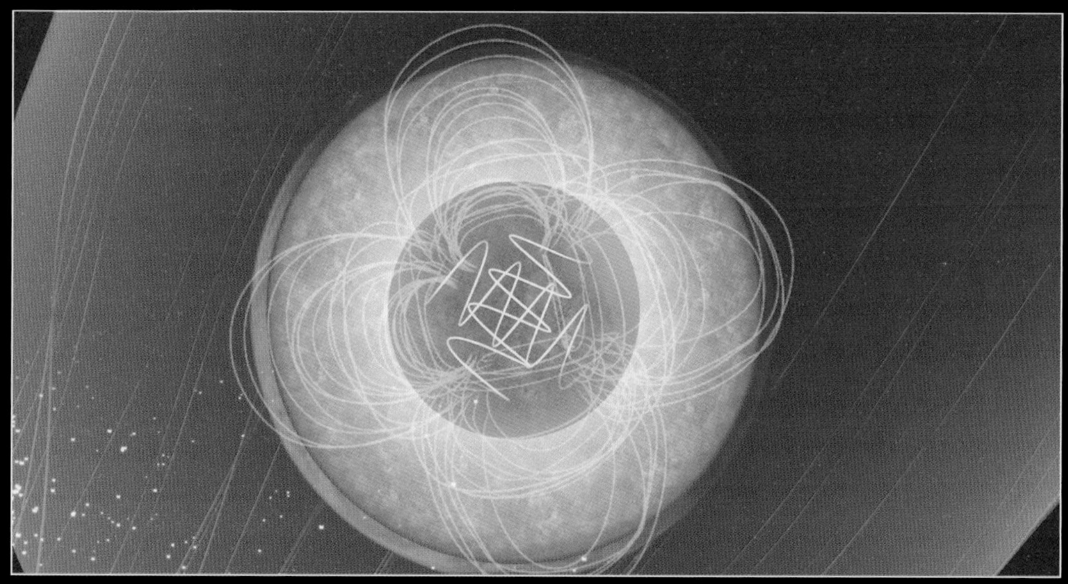

▲双極子磁場から四重極磁場へと変化した地球の磁場。

双極子磁場と四重極磁場の違い

地磁気反転期などでは、双極子磁場から四重極磁場に変化し、特に中低緯度域で大幅な宇宙線が降り注ぐと考えられている。

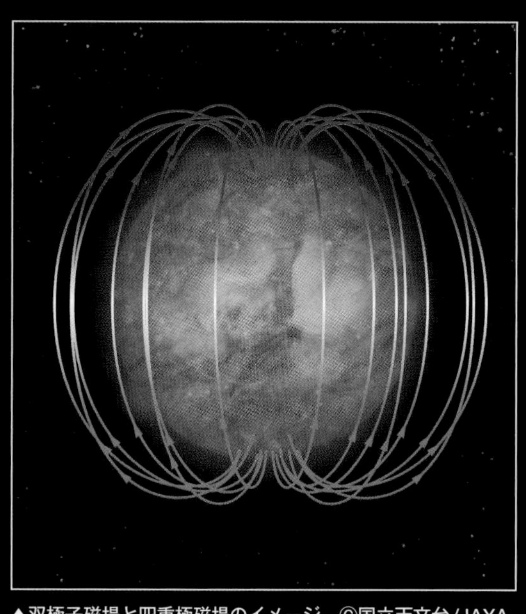

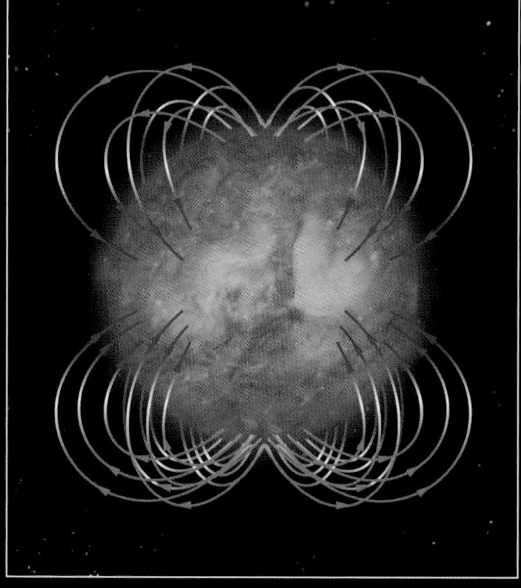

▲双極子磁場と四重極磁場のイメージ　©国立天文台/JAXA
太陽観測衛星「ひので」が捉えた太陽の双極子磁場構造（2008年／極小期）と、
近い将来に予想されている四重極磁場構造への変化のイメージ。

©JAXA／国立天文台

■地球を襲ったスターチアン全球凍結

▲天の川銀河は再び矮小銀河と衝突して、スターバーストを起こした。

▲スターバーストで誕生した星はやがて超新星爆発を起こし、
地球に大量の放射線が降り注いだ。

▲磁場が弱まっていた地球はこの影響を強く受けた。

四重極磁場となり、地球磁場が弱まっていた7億～6億年前地球に大量の宇宙放射線が押し寄せてきた。23億年前に起きた全球凍結のときと同様に、天の川銀河が再び矮小(わいしょう)銀河と衝突してスターバーストを起こしたからである。

その結果、地球は再び全球凍結することとなった。7億3000万年前から6億3500万年前まで続いた「スターチアン全球凍結」がそうである。

宇宙線は地球大気中の雲核の生成を促し、大量の雲が形成された。その結果、気温は急激に下降し、太陽光が届かなくなった地表はごく短期間のうちに氷に覆われていった。

▲再び全球凍結した地球。

極寒期には太古代レベルまで酸素濃度が下がり、生物の大量絶滅が起きた。しかしこの大量絶滅によって、それまでとは異なる、新しい生物が生まれる機会をつくっていくことになる。

全球凍結の証拠

写真はドロップストーンといわれる石だ。ドロップストーンは氷河性堆積物と呼ばれ、全球凍結の証拠として考えられている。

きれいな縞模様の堆積物が重なっている中に、礫がとり込まれている。注目してほしいのは、礫の下半分の地層が下にへこんでいることだ。

これは、海底に堆積していた、まだ固まっていない地層に礫が落下し、その結果、礫が海底に半分埋まった状態になったことを示唆している。

落下した礫は、氷山が氷の中に閉じ込めていたものだと考えられている。気温が次第に暖かくなって氷山の氷が溶けたために、氷山から礫が出てきて、そのときに海底に落ちたのだ。そして、礫が海底に落下した後、海底面の上に沿うように新しい地層が堆積した。

このような氷河性堆積物は、かつての赤道付近で観察されている。この観察結果が、全球凍結の決定的な証拠だと考えられているのである。

▲写真左上の礫がドロップストーン。 ©東京大学

■繰り返された「短い極寒期」と「長い極暑期」

「全球凍結」は、数億年間、地球が凍りついたままであるという印象を与えるが、実際は、ずっと凍りついたままであるわけではない。極寒期と極暑期が複数回繰り返して起きた時期である。

スターバーストの影響が強い時期には極寒期が訪れるが、その影響が薄らいでくると、地球を取り巻いていた分厚い雲も薄らぎ、太陽光が地表にまで到達するようになった。そして、極暑期が訪れる。

こうして、地球上では、長い極暑期と短い極寒期が繰り返し起こり、激しい気象変動に巻き込まれた。

極寒期には太古代レベルまで酸素濃度が下がり生物の大量絶滅が起きた。しかしこの大量絶滅によって、それまでとは違う、新しい生物が生まれる機会をつくっていくことになったのである。

極寒期：酸素濃度の低下

◀極寒期の地表部。

極寒期には、光合成生物は大量に死滅する。そのため、酸素濃度は急激に低下して、太古代レベルまで落ち込む。その結果酸素を利用していた生物の大量絶滅が起きると同時に、嫌気的生物が地下生物圏から地表へと進出し、新たな生命進化のチャンスを獲得した。

◀極暑期の地表部。

極暑期には気温の上昇とともに、わずかに生き残っていた光合成生物の活動が一気にさかんになり、酸素濃度が回復した回復する酸素濃度とともに、このように、繰り返される宇宙線の飛来と酸素濃度の激しい変動は遺伝子の突然変異を引き起こし、新種誕生を促して生物の進化を加速させる要因となった。

■7億〜6億年前に起きた地球の「水漏れ現象」

スターバーストが終わりを告げ、地球磁場が双極子磁場に戻ると、活発な光合成活動が復活して、地球の酸素濃度は以前のレベルに戻っていった。

しかし、その一方で地球内部の温度は徐々に低下していった。それが地球に「水漏れ現象」を起こすことになる。

▲光合成活動が復活した地表部。光合成生物の活動により、大気中の酸素濃度は以前のレベルまで回復していった。

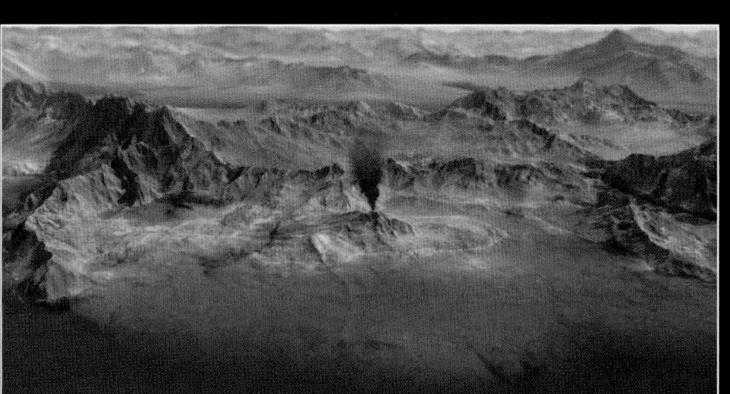

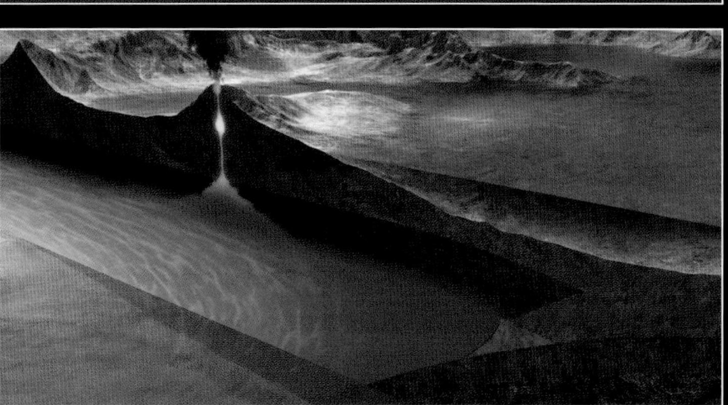

◀時間とともに、地球内部の温度は徐々に下がっていった。

地球内部の温度が十分高い時代には、海水成分がマントル深部にまで運ばれることはない。海洋プレートに含水(がんすい)鉱物として含まれる海水成分は、地球内部の高温にさらされると、脱水分解して、それ以上深部には入り込むことはなく、地球表層に帰っていったからである。そのため、地球表層の海洋の量は一定に保たれた。したがって、海水準は一定に保たれていた。しかし、その均衡が崩れる時期がやってくる。

沈み込むスラブの上面と上盤側（大陸側）上部マントルの交点の温度が650℃を下回るようになると、含水鉱物がマントル深部へと運ばれるようになる。これが、「水漏れ地球」と呼ばれる現象だ。含水鉱物として海洋成分がマントル深部へと移動するため、地球表層の海洋量は減少する。

これは、冷却する水惑星における必然的現象である。

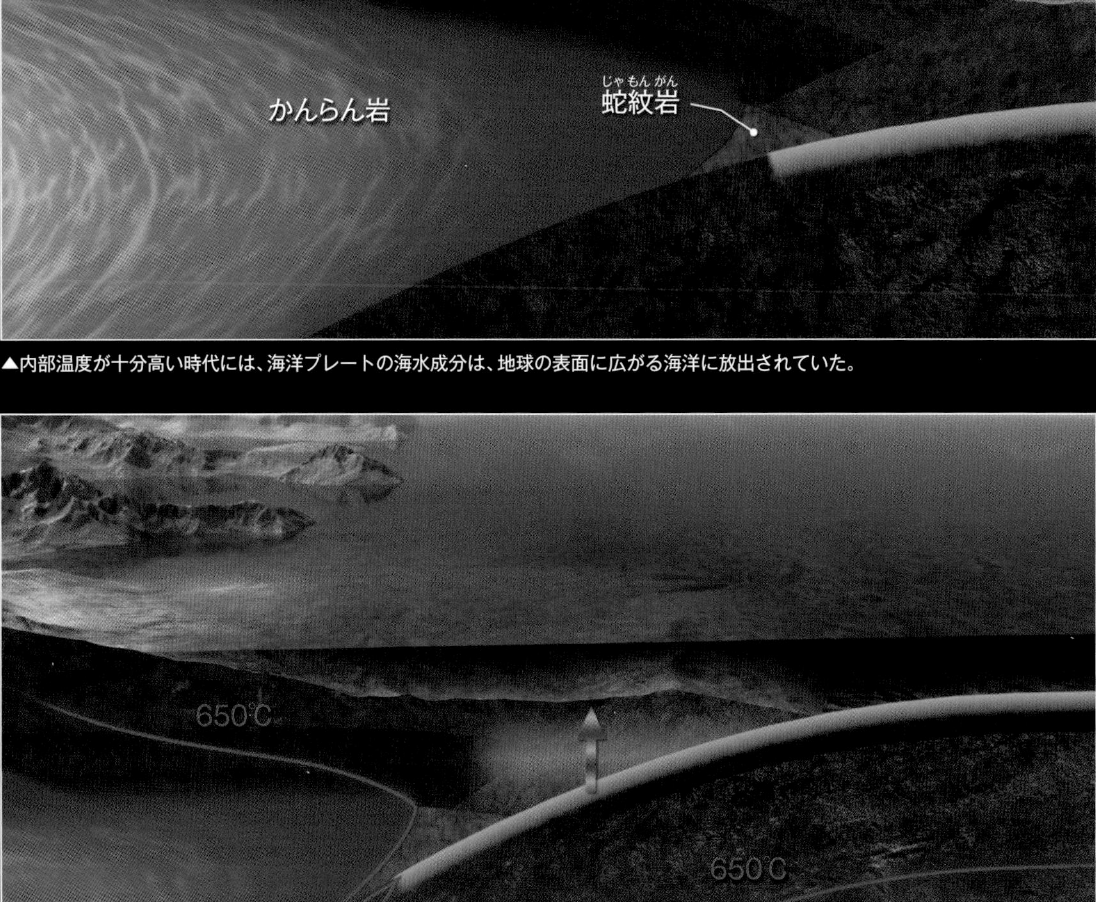

▲内部温度が十分高い時代には、海洋プレートの海水成分は、地球の表面に広がる海洋に放出されていた。

▲上部マントルの温度が650℃を上回っていると、含水鉱物はマントル深部には入ることができない。

地球の「水漏れ現象」の結果、全海水の3%程度がなくなり、海水準は現在までに600mも低下した。

しかし多くの生物にとって、海水準の低下は福音となった。陸地面積が増加し、太陽光が底まで届く大陸棚の面積も増加したからである。そのような場は、地球生命を育む、大きな温床となっていった。

▲含水鉱物に取り込まれ、海洋成分が地球内部へ一気に移動し始めた。

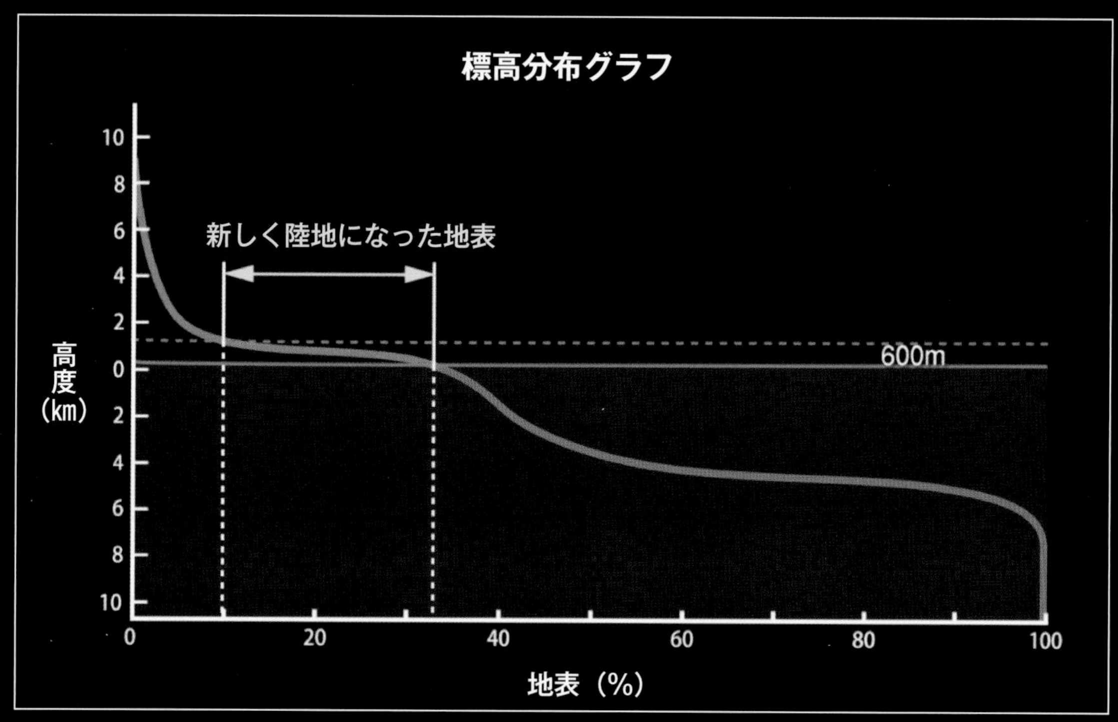

▲水漏れ地球現象による海水準の変化と拡大する陸地面積。

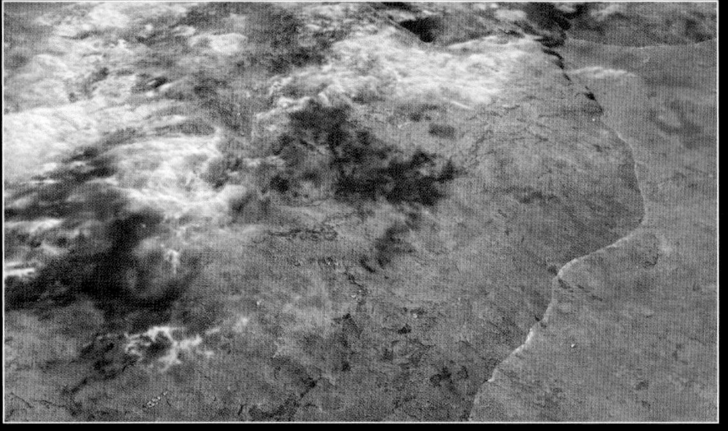

▲大きく広がった新たな陸地部分。

新しい陸地が大きく広がったおかげで巨大な河川が多く生まれ、陸地が供給する栄養分は河川を通して大陸棚に供給された

そのおかげで光合成生物は大繁栄の時期を迎え、酸素を生産する働きはますます大きくなっていった。

この強大な作用がやがて起こる爆発的な生物の進化を促していったのである。

▲栄養分が供給されていく大陸棚。

▲大陸棚では、光合成生物の生息域が拡大していった。

COLUMN 水漏れ地球と表層環境進化

地球表層の海水が減少し始めると表層環境はどう変わっていくのだろうか。それを図解したのが下図である。

まず、①含水鉱物を含むプレートがマントル内部に沈み込み、そこで脱水分解して地球内部を加水する。このプロセスによって表層の海水量が減少する。そのため②海水準が低下する。これが「水漏れ地球＝Leaking Earth」である。そして海面が低下するため、③海洋面積が減少し、陸地面積が増加する。

この陸地面積の拡大に伴い、④大陸上に網の目状に巨大な河川がたくさん生まれる。そのため、河川を通して陸の栄養塩が堆積物（有機物を含む）とともに大陸棚に大量に運ばれるようになる。すると、⑤大量の堆積岩が大陸の縁に形成される。この河川を通じて供給される大量の栄養塩は、大陸縁辺に生息する動植物たちの糧（かて）となり、バイオマスが増大する。

こうして増えた光合成生物による酸素の生産によって、⑥大気中の遊離酸素濃度が上昇する。光合成の反応は、太陽光を利用して二酸化炭素と水から有機物と酸素を生成する。そのようにしてつくられた有機物が堆積物の中に大量に、そして、コンスタントに埋没することによって、大気酸素がそのまま大気に維持され続ける。

やがて、大気中に増えた酸素は成層圏（せいそうけん）へも放出されて、⑦オゾン層が形成される。そのオゾン層は巨大な防護壁となって、陸上生物を太陽風や宇宙線から守る役割を果たす。その結果、陸上は安全な場所となり、動植物が陸上で多種多様に進化しうる時代となった。

こうして、酸素をうまく利用するようになった生物たちは、酸素という強力なエネルギーを生む気体を使って代謝反応を促進してさらに大型化して活発に動くこととなった。これが動物だ。動くことが可能になった動物たちはやがて植物を追いかけて、⑧陸に上っていった。

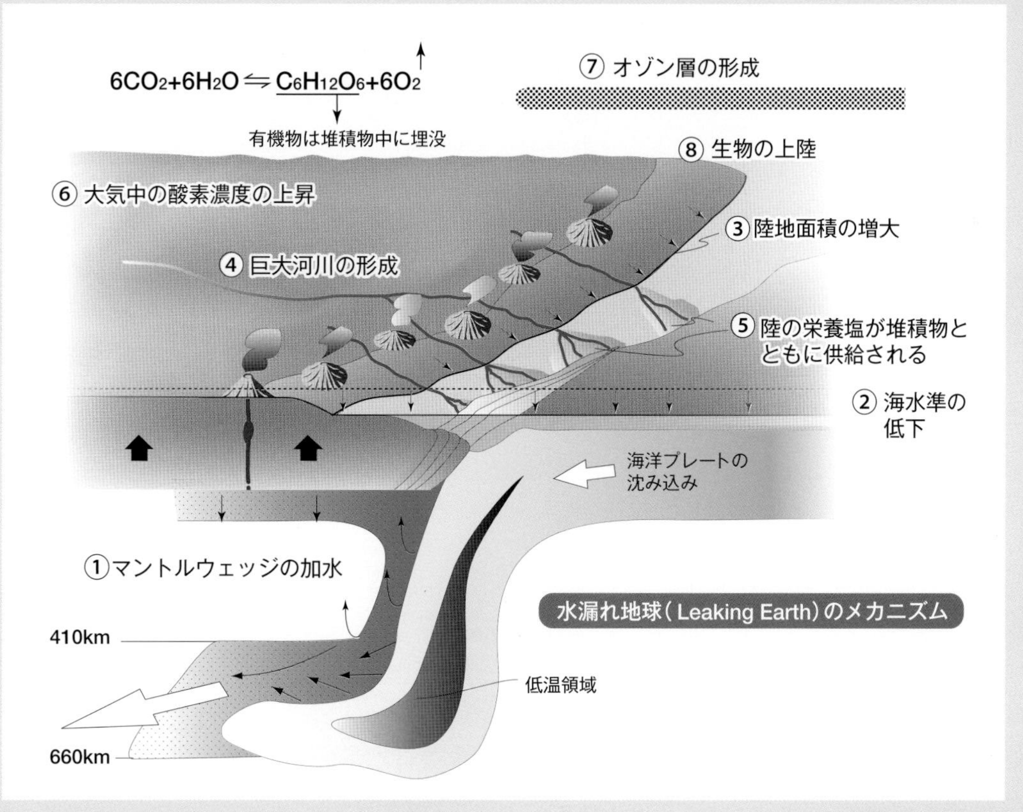

図版作成：渡邉志緒

Chapter 8 カンブリア紀の生命大進化

生命が大進化を遂げるカンブリア紀を前に、スターチアン全球凍結に続いて、地球はまたもや全球凍結に見舞われた。マリノアン全球凍結である。こうして繰り返される地球表層環境変動に耐えるため、生命は新たな進化のステージに入った。それが、「多生物共生体」への進化である。お互いの欠点を補い、全体として生きるこの生命の戦略は、生物進化の可能性を大きく広げることになった。

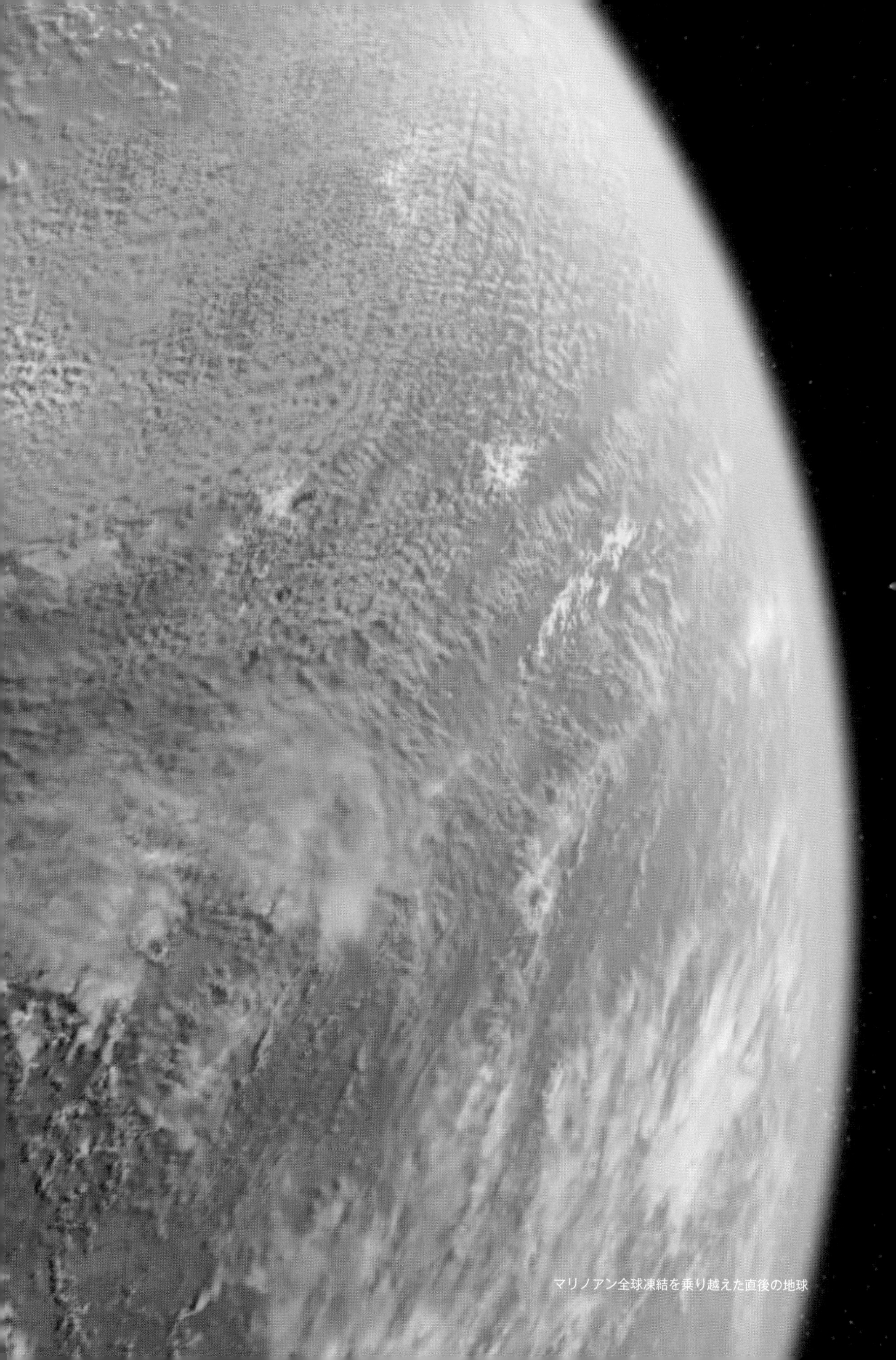

マリノアン全球凍結を乗り越えた直後の地球

■マリノアン全球凍結と生命の大進化

マリノアン全球凍結時代の地球

地球の誕生以来、赤道地域まで凍りつく全球凍結期は2回あったと考えられている。原生代初期(25億～23億年前)と原生代末期(7億～6億年前)の2回である。

2回目の全球凍結期を代表するのが、前述した「スターチアン全球凍結」(7億3000万～6億3500万年前)と、その直後に起きた「マリノアン全球凍結」である。

この時期、宇宙からの外力であるスターバーストに加えて、地球磁場が衰弱したことがわかっている。地球磁場が四重極(しじゅうきょく)磁場となり磁場強度が低下したために、表層が銀河宇宙線にさらされた状態になったのだ。その結果、雲形成率がより高まって、全球凍結に陥ったのだ。

環境変化と生命進化：エディアカラ紀からカンブリア紀まで

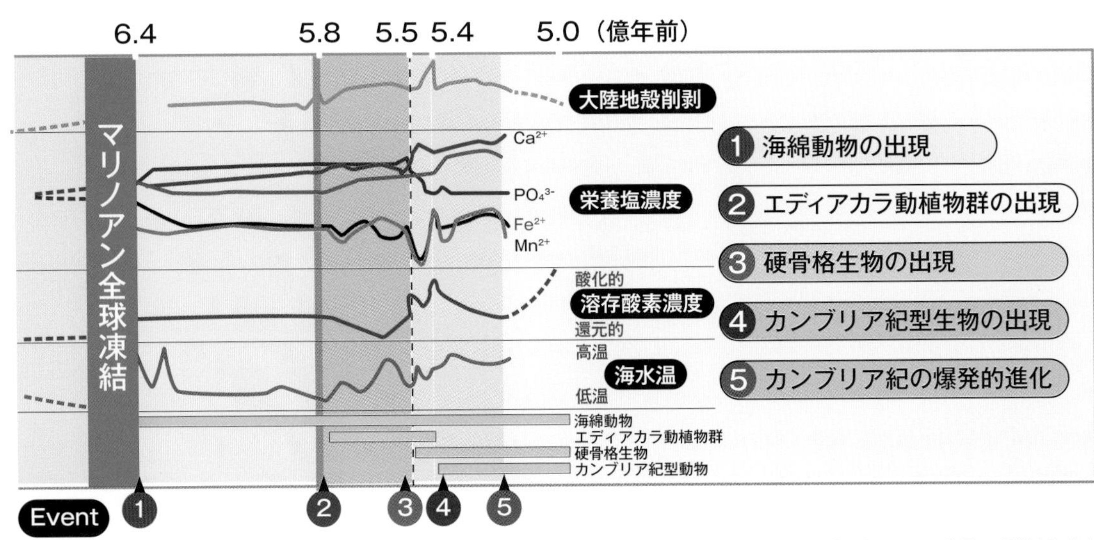

「澤木、2012、生物の科学」を改変

この全球凍結に連動して、生命は大進化を遂げることになる。

それに加えて、マリノアン全球凍結が終了した直後、大陸から海中へのリンやカルシウムなどの栄養塩供給が急増した。そして、最初の後生動物である海綿が誕生した。中国で発見された最古の海綿動物化石は6億3500万年前のものであることがわかっている。

その後、地球は何回かの小氷河期を迎える。ガスキアス小氷河期(5億8000万年前)の直後には、海洋中への硝酸の供給量が増えるとともにリン酸塩の供給量も増加した。そして、この時期に、ディッキンソニアなどで知られるエディアカラ動植物群が一斉に出現した。

その後、海洋中のカルシウムの量が急増したため、大陸棚には広大な規模で分厚い石灰岩がつくられたことがわかっている。そして、リン酸塩鉱物や石灰の殻を持つ硬骨格の生物が初めて出現した。

この時期には海洋中のリンが急激に減少する。おそらく、大陸棚の動物たちが競ってリンを使うようになったのだろうと考えられる。過激な競争と食うか食われるかの弱肉強食の厳しい時代が始まったことを意味している。硬い外骨格の武装は動物が他の動物に食われないための鎧(よろい)となったはずだ。

その後、バイコヌール小氷河期が訪れると、エディアカラ動植物群が大量に絶滅する。しかし、大量絶滅を起こした直後の時代に、カンブリア紀の動植物が爆発的に増え始めた。その中心は南中国のリフト帯であったことがわかっている。

多細胞生物の誕生

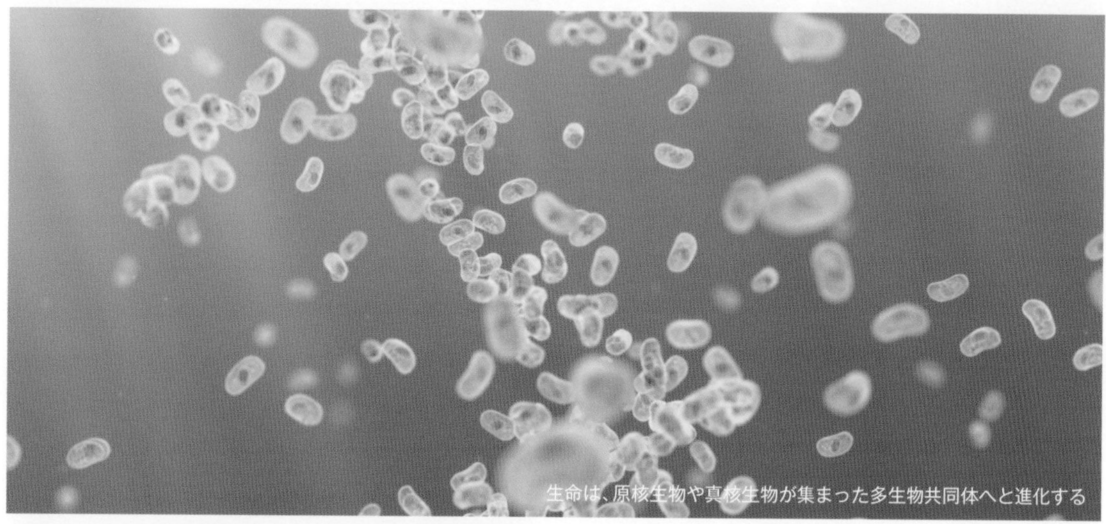
生命は、原核生物や真核生物が集まった多生物共同体へと進化する

マリノアン氷河期が終わって間もなく、多細胞生物が現れた。彼らは、単細胞真核生物の100万倍、原核生物の実に1兆倍もの大きさを持つようになっていった。この進化は、生命の発展にとって非常に大きな意味を持っていた。そして、最初の多細胞動物である「海綿」が登場したのだ。最古の海綿化石の年代は6億3500万年前である。したがって、海綿の誕生はそれよりも前だったことがわかる。

◀海底を浮遊する海綿。最も大きな海綿の体長は10㎝に達した。

様々に進化した海綿の骨格

▲ドイツの生物学者エルンスト・ヘッケル（1834～1919年）が描いた海綿のイラスト。Wikipediaより
著書『生物の驚異的な形』（1904年刊）に掲載された。その姿は地球に姿を現して以来、ほとんど変わっていない。

■5億8000万年前　ガスキアス小氷河期

この時代の地球は極寒期と温暖期を繰り返していたが、およそ５億8000万年前頃にも小さな氷河期があった。「ガスキアス小氷河期」である。

▲ガスキアス小氷河期時代の地球。

氷河期が訪れた地球では再び大量絶滅が起き、温暖期に出現していた多細胞生物の多くが姿を消していった。

だが氷河期を過ぎ、温暖期が訪れると、リンを中心とした栄養塩の海中への供給量が増加していった。

それにより、浅海の大陸棚では新たな生物群が登場する舞台が整っていくことになった。

▲温暖期を迎えた地球。

■エディアカラ動植物群の誕生

5億8000万年前から5億5000年前にかけて、海の中では一斉に新たな生物が出現した。

「エディアカラ動植物群」と呼ばれる動物や植物である。

エディアカラ動植物群の化石は、オーストラリアのアデレード北方にあるエディアカラ丘陵で数多く発掘されたことから、そう呼ばれている

▲海中で繁栄するエディアカラ動植物群。

◀エディアカラ動植物群を代表する生物「ディッキンソニア」。

この時期を代表する動物のひとつがディッキンソニアだが、その生態はほとんどわかっていない。

体長が1mに達する扁平(へんぺい)な体形をしていた(発見されている化石の厚みは3㎜程度しかない)が、まだ殻や骨格がなく、柔組織だけでできた軟体性の生物で、ゆらゆらと遊泳して移動できたかもしれないとされている。

彼らは、超大陸ロディニアの分裂に伴う温かい浅瀬に生息し、泥の中のバクテリアを食べて生きていたと考えられている。

他にもいた、不思議なエディアカラ動植物群

手前の団扇(うちわ)状の赤い生き物はカルニオディスクス。砂地の海底に固着し、高さ50㎝ほどまで成長して、濾過(ろか)摂食を行っていたと考えられている。また、画像右下の砂に潜っているのはスプリッギナ。体長5㎝ほどで節足動物に分類されているが詳しいことはわかっていない。また、この時代には原始的なクラゲのような生き物も出現していたとされている。

▲エディアカラ動植物群のイメージ。

『ひとりで学べる地学』(清水書院)を改変

■大陸の離合集散が生物の進化を加速させた

ヌナ超大陸が分裂した後、約10億年前に超大陸「ロディニア」が形成された。だが、再び分裂し始める。

大陸内部の地溝帯（リフト帯）では、放射性元素に富むHiR（ハイアール）マグマ（Highly Radiogenic magma）が噴出し、ロディニアを東西2つの大陸に分裂しようとしていた。

ロディニアの北東部には現在の北アメリカ大陸があり、北西部に中国やオーストラリアがあった。その間には南中国が位置しており、そこで地溝帯（リフト帯）を形成し、のちの太平洋がつくられつつあった。

リフト帯の中央部にはリン酸塩の大規模鉱床が出現し、それらの地域にはエディアカラ動植物群と呼ばれる、海綿などの大型化石が特徴的に出現する（右図の赤い点）。

HiRマグマの噴火による強力な放射線によって、生命は局所的な絶滅を起こした。しかし、同時に、HiRマグマ噴火後、数年から数十年で大量の栄養塩の供給に支えられ、新しい生態系がこれらのリフトで生まれた。

大陸分裂と生物の茎進化

7億〜6億年前
クライオジェニアンーエディアカラ紀

太平洋スーパープルーム
超大陸ロディニア
南中国
地溝帯
● 海綿誕生場

▲7億5000万年前のロディニア大陸。造山帯が青色の帯で示されている。

■新種誕生を促した大陸分裂場での「茎進化」

ロディニア大陸上で放射線を放つHiRマグマ

大陸分裂場では放射線元素に富むHiRマグマが噴出し、生命のゲノムを傷つける。その結果、突然変異による新種誕生を促し、生命の系統樹に大きな分岐をつくっていく。これを「茎進化」と呼ぶ。

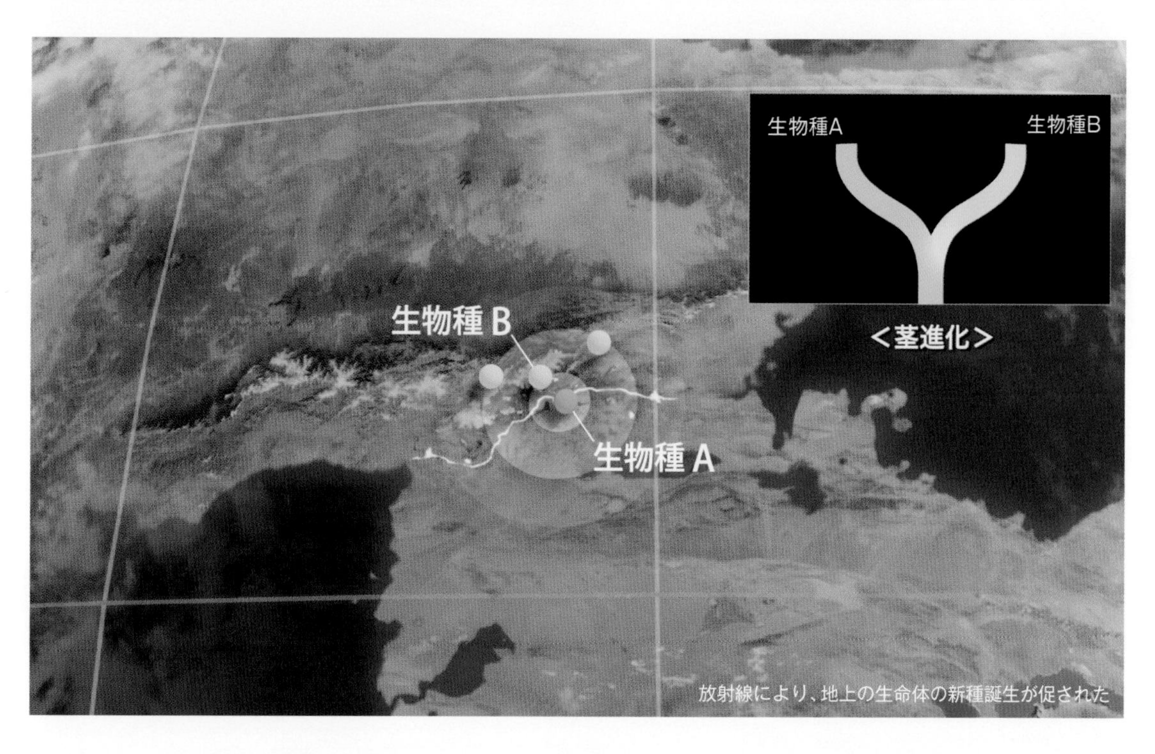

放射線により、地上の生命体の新種誕生が促された

エディアカラの時代の終わりは、このような大量絶滅と新しい生態系の誕生が集中的に繰り返し起きた時代であることが、主に南中国の研究から明らかになっている。この繰り返しが、カンブリア紀の生命の爆発的進化につながったのである。

■分裂した大陸上では孤立進化が進行した

古生代の少し前の8億～7億年前頃までに、赤道地域を中心に形成された超大陸ロディニアは次第に分裂し始め、5個から10個くらいの小大陸に分裂した。

分裂した小大陸は、約5億4000万年前頃までに南極点を中心に超大陸ゴンドワナとして再融合することになるが、分裂した小大陸上で生息していた動植物は、大陸移動によってそれぞれ個別の環境にさらされ、個々の大陸上で孤立進化していった。

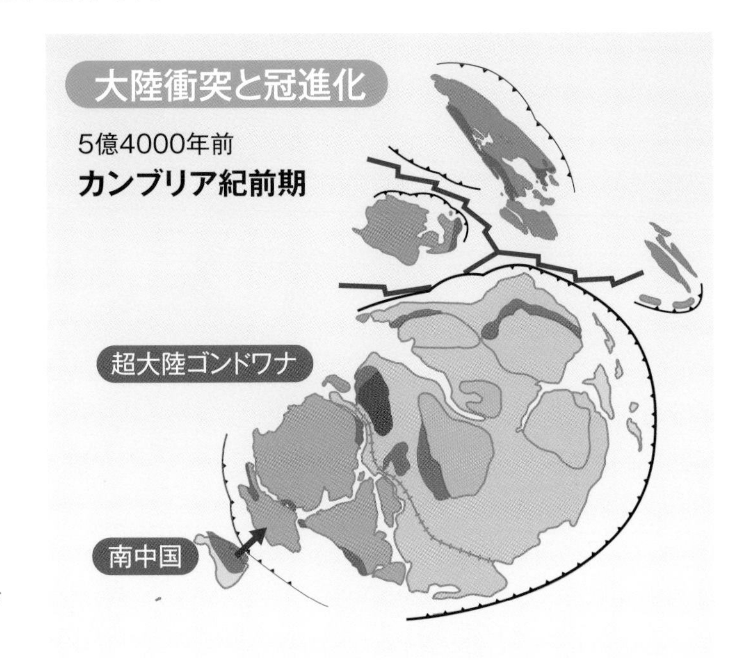

▶5億4000万年前、カンブリア紀前期のゴンドワナ大陸。大陸の衝突で冠進化が進んだ。

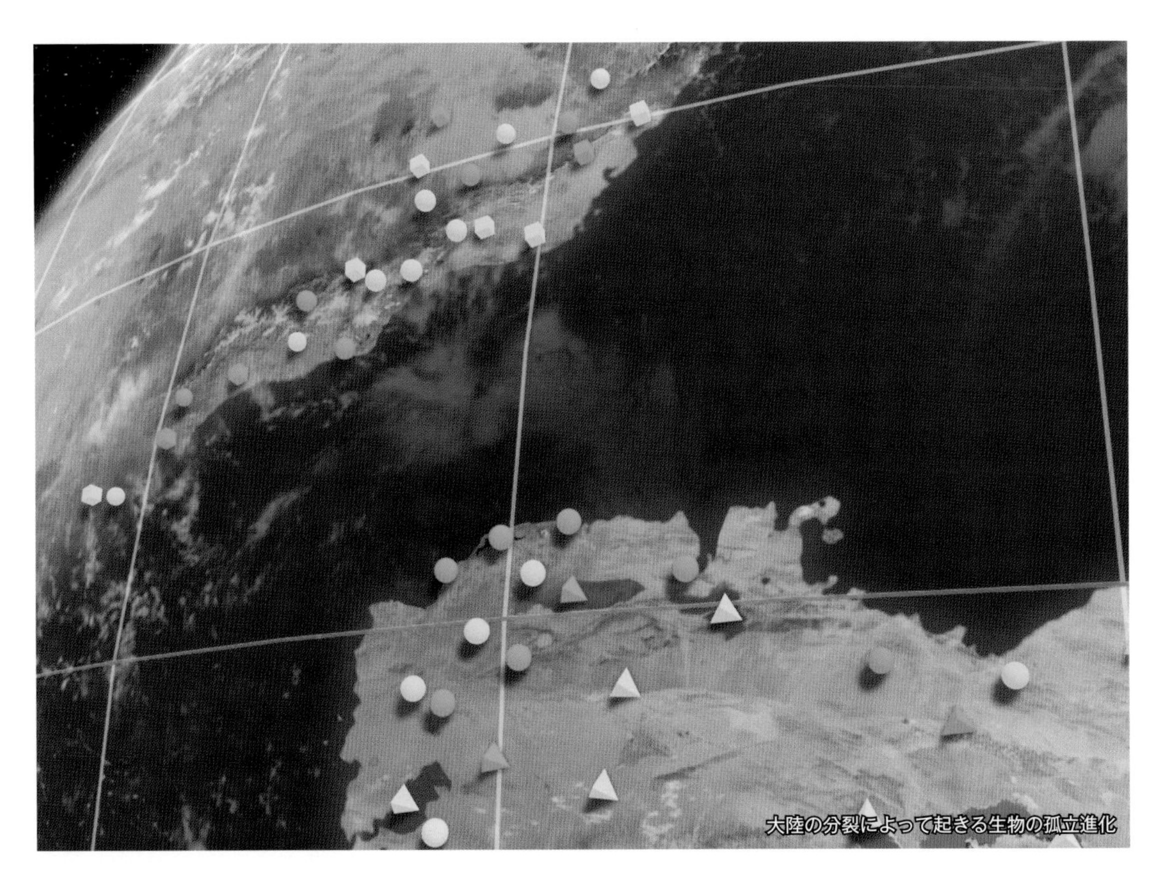

分裂した大陸上では、それぞれの環境下で固有の進化が進む。そのため、もともと同じ種だった生物に多様性が生まれる。それが孤立進化である。

■大陸衝突場では種の交雑によって「冠進化」が起こった

そうした大陸衝突の場では生物の交雑（遺伝子が異なる生物による繁殖）が起こった。

ゴンドワナ超大陸は5億4000万年前頃までに形成されたと考えられている。

この大陸は、南極を中心にできた超大陸だったが、超大陸を形成する過程で、様々な小大陸が衝突・融合した。

その過程で、各大陸上で孤立進化してきた生物たちの交雑が進み、様々なバリエーションの生物へと進化した。これを「冠進化」という。

▲小大陸の衝突と融合。

▲ゴンドワナ超大陸で進んだ冠進化。

■硬骨格生物の誕生

大陸からの栄養塩供給は続くと、大気中の酸素濃度はさらに増していった。大地が風化侵食を受けるとともに海洋に流入した鉄を含む鉱物によって、海洋中の二価鉄の量が増加したが、それらは酸化され、再び縞状鉄鉱層として、海底に堆積していった。

その海洋中ではリンやカルシウムの濃度が増し、それを利用した硬骨格生物が生まれ始めていた。

▲5億5000万年前の海洋の様子。

COLUMN 最古の硬骨格生物？ ミクロディクティオン

最古の硬骨格生物の一種（葉足動物の１属）と考えられているのが、ミクロディクティオンだ。体長25㎜ほどで、カルシウムを使った硬い外骨格で体を覆い、他の生物から身を守る鎧としていた。

先カンブリア時代の最末期にあたるエディアカラ紀には、すでに出現していたと考えられているが、その後、カンブリア紀に入ると分布域を拡大、繁栄していった。ちなみに葉足動物とは古生代の汎節足動物の総称で、現生している有爪動物（カギムシ）、緩歩動物（クマムシ）、節足動物などの共通の祖先とされている。

■バイコヌール小氷河期到来でエディアカラ動植物群が絶滅

この頃の地球は、数千万年の間に極寒期と極暑期を何度も繰り返していた。

エディアカラ動植物群が繁栄し始めた矢先の地球はまたしても極寒期へ向かっていく。バイコヌール小氷河期の到来である。

その結果、エディアカラ動植物群は絶滅してしまった。

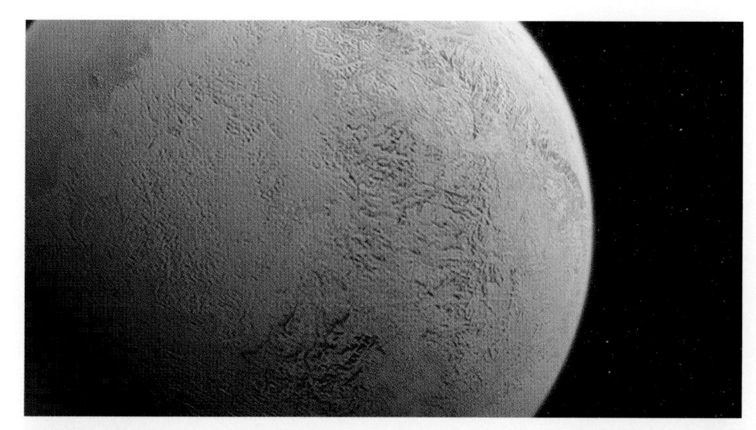

▲極寒期の地球。

▲極暑期の地球。

▲こうしてエディアカラ動植物群は絶滅した。しかし、新たな生命進化が始まろうとしていた。

■始まった「カンブリア爆発」

大陸衝突によって表層環境は多様化し、大洋から切り離された"閉鎖的な海"も形成された。そこには陸地から流れ込む川によって、硝酸（しょうさん）を含む大量の栄養塩が運ばれ、"豊かな海"となっていった。

そして生物たちは信じられないほどの進化を遂げることになる。それが「カンブリア爆発」だ。

カンブリア紀初期の海中の様子

例えば、この時代を代表するアノマロカリスは、約5億2500万年前から約5億500万年前まで生息していたとされる。体長は最大約1mにおよび、知られているカンブリア紀の生物としては最大だ。複眼を持ち、発達した2本の触手で獲物を捕まえて食べていたと考えられている。

▲海中を泳ぐアノマロカリス。

◀上から見たアノマロカリス。

カンブリア紀の生命の爆発的進化

カンブリア紀の爆発的進化は、後生動物(原生動物以外のすべての動物)の35の門を生み出した。現在の生物の体系は、この時期にすべて出現した。代表的な生物を紹介しておこう。

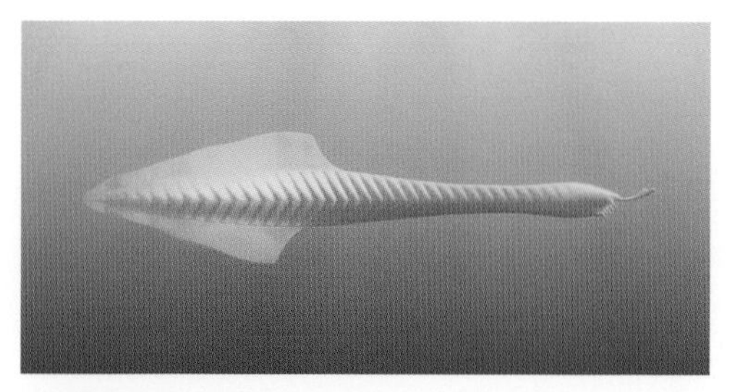

▲ピカイア
体長は約6㎝ほどだったが、現生しているナメクジウオに近い存在で、脊椎の原型である脊索を持っていたと考えられている。

▲ハルキゲニア
体長約0.5〜3㎝。動物の１属で、円筒状の胴体に、７対ないし８対の細長い脚があり、背中には数対の棘が並んでいる。また、"首"に相当する部分には触手様の細長い付属肢が2〜3対備わっていた。

▲オパビニア
体長4〜7㎝。5つの複眼を持つ節足動物の一種だったと考えられている。前方に伸びているホース上の器官の先端には吻(突き出した口)がある。

▲三葉虫
カンブリア紀を代表する節足動物。全長60㎝もある種から1㎝に満たない種まで１万種以上が出現したが、古生代ペルム紀末に絶滅した。

生物進化の3つのパターン

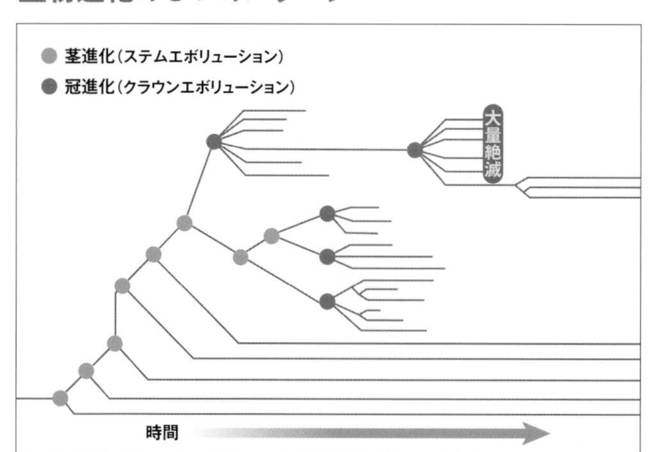

生命進化には3つのパターンがある。①それまで繁栄していた生物を一掃する大量絶滅、②大陸の分裂に伴う遺伝子変異を促す茎進化、③大陸の衝突によって多様性を生み出す冠進化、である。生命進化は、宇宙と結びついた地球環境の変化や大陸の離合集散と密接に結びついている。

Chapter 9 古生代
～ゴンドワナ超大陸の離合集散と生物の進化

4億5000万年前の地球

地球の海洋の塩分濃度は、地球誕生直後には現在の約7～8倍も高かったと考えられているが、6億年ほど前から徐々に塩分濃度は低下していった。それは巨大な陸地の出現や、水漏れ地球による海水準の低下などにより、海水中の塩分が、岩塩として大陸に取り込まれた結果である。また、一時的に海水準が高くなっても堆積物が蓋になり、大陸から塩分が海に溶け出すことはなかった。そして、生物は生息域を大陸周辺の汽水域だけでなく大海洋へと大きく広げることができるようになった。

■ゴンドワナ超大陸の劇的変化

ゴンドワナ大陸は、およそ5億4000万年前（カンブリア紀の始まり）までに南極を中心に形成された。カンブリア紀になるとゴンドワナ大陸の分裂は加速し、大陸中央部から割れ始めた。現在のアマゾン川は、この頃にできた大地溝帯の跡だが、途中で分裂活動が停止したため、大規模な地形的窪(くぼ)みとして現在まで残っている。そこは、当時から現在に至るまで淡水域として魚類の進化場になったはずである。

約3億7000万年前のデボン紀の時代になると、陸上植物が急速に大繁栄し始める。赤道をはさんで南北30度前後には赤茶けた砂漠地帯が広がったが、その地域を除けば陸地は緑に覆われていただろう。

植物の繁栄は石炭紀（約3億6000万年前～3億年前）にピークに達し、酸素濃度は現在の1.5倍だった。大繁栄した植物の多くは、現在の浅海堆積物の中の石炭として埋没している。これが、産業革命以降の人類の躍進に大きな貢献をした資源である。

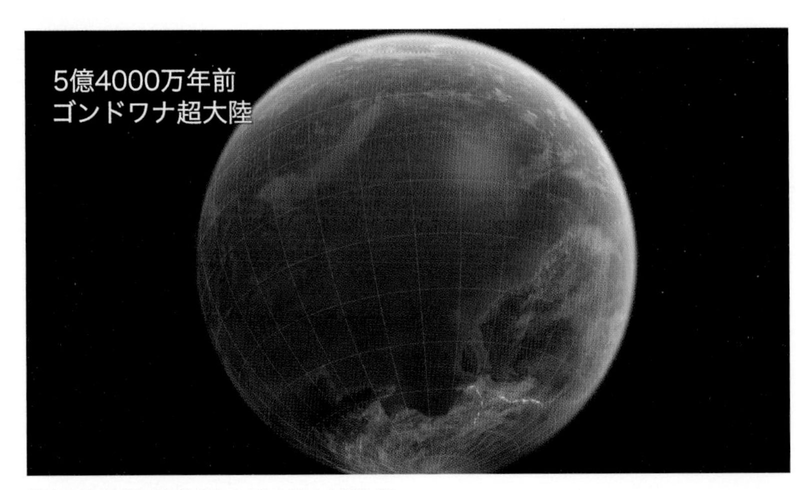

①南極を中心に形成されたゴンドワナ超大陸。

②ゴンドワナ超大陸は分裂し始めた。

③ゴンドワナ超大陸は最終的には7～8個の大陸に分裂したと考えられている。

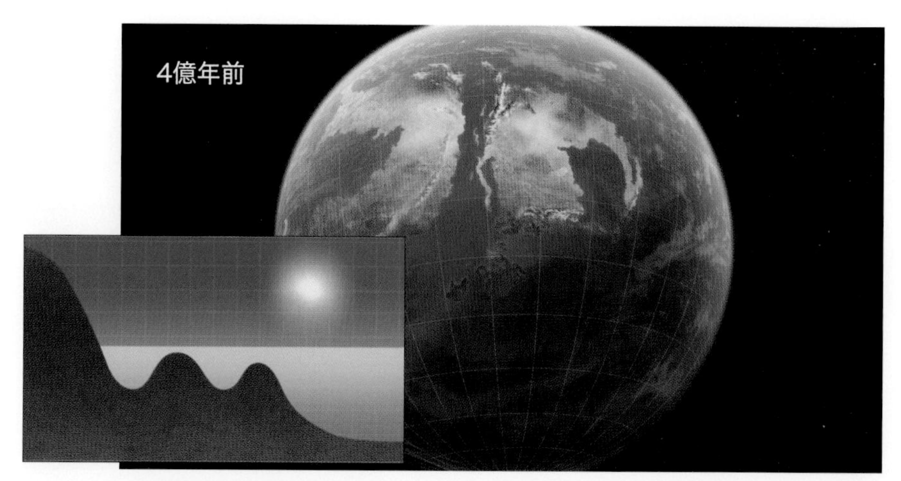

④やがて小大陸が集まり始めた。

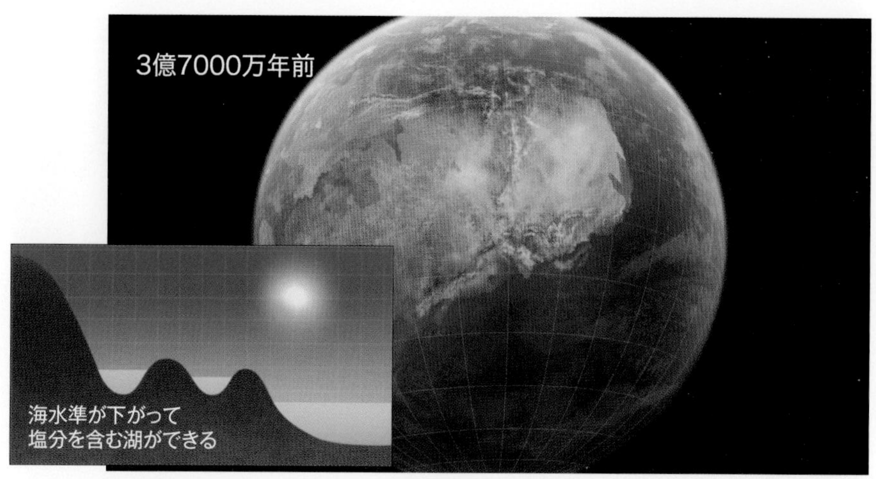

⑤北半球にはローラシアと呼ばれる大陸が形成され始めた。海水面が下がり、大陸上に海水の湖ができる。その湖で水分が蒸発することにより岩塩がつくられる。

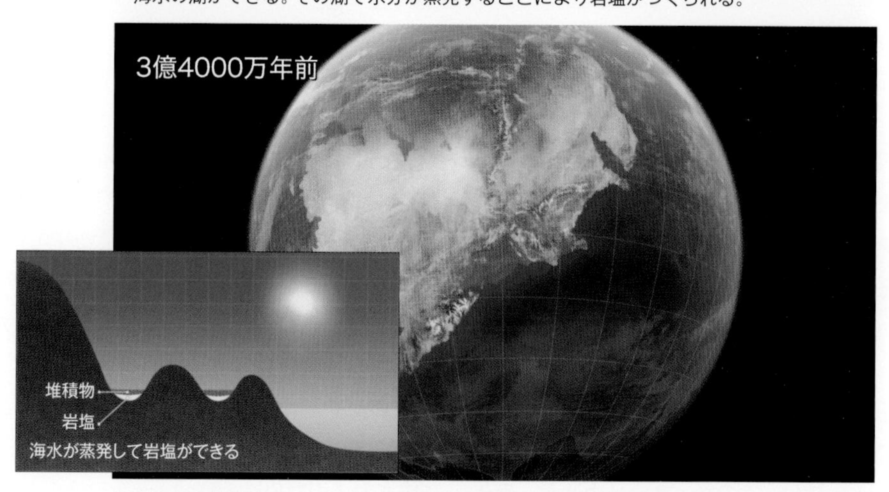

⑥陸地面積が広がることで、海水中の塩分は岩塩として、陸地に堆積物として取り込まれ、海の塩分濃度はますます低下していった。

■超大陸パンゲアの出現

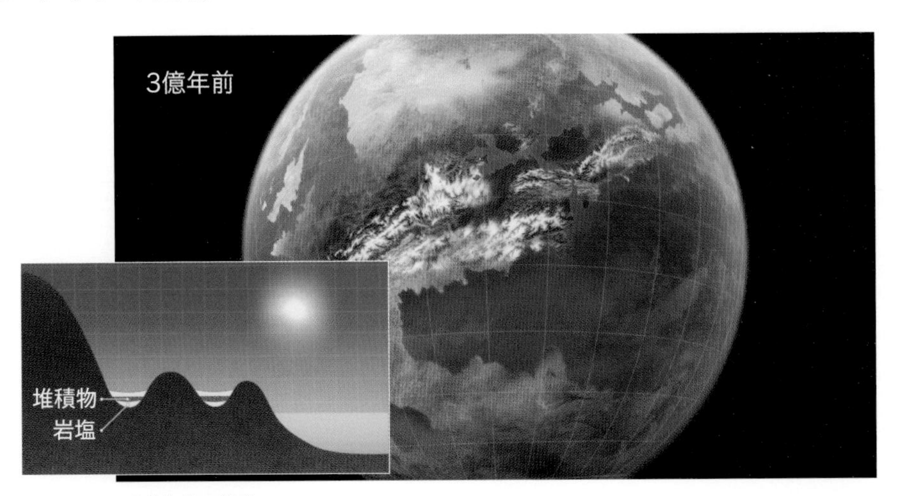

▲3億年前の地球。

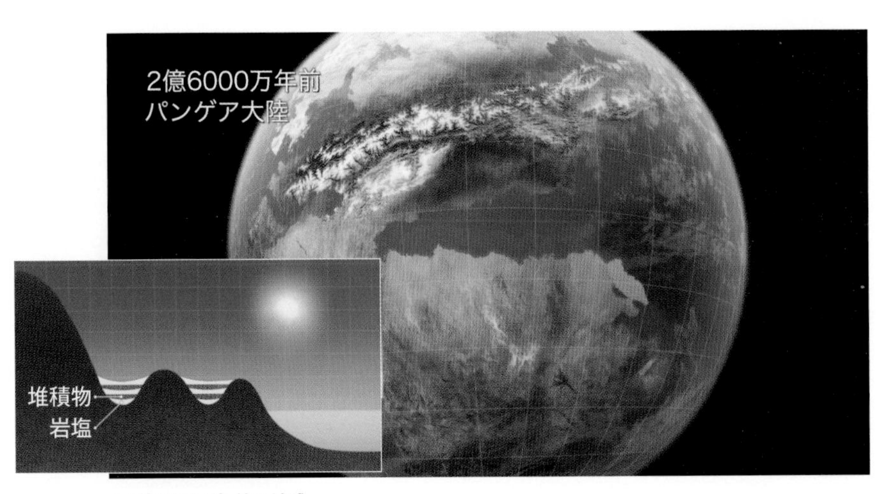

▲2億6000万年前の地球。

2億5000万年前頃までに、北半球にローラシア(あるいは古アジア)と呼ばれる大陸の形成が終わった。

一方、分裂しない状態で南半球に残っていたゴンドワナ大陸と、北半球に新たに融合してできたローラシアとは、見かけ上ひとつにつながった状態になった。それをパンゲア超大陸と一般的には呼ぶ。

しかし、これは見かけ上の超大陸である。なぜなら、南側のゴンドワナ大陸はまだ分裂の途中だったからである。

ゴンドワナ大陸は、この後、アフリカ大陸、南米大陸、インド亜大陸、オーストラリア大陸など7個以上の小大陸に分裂する。

さらに1億7000万年前頃になると、ゴンドワナ大陸上ではリフト帯(地溝帯(ちこうたい))が生成され始め、南極大陸が分裂を開始した。そして、1億5000万年前には、ついに南極大陸、アフリカ大陸、南米大陸の間にあったリフト帯が割れ、新しい海洋として大西洋が誕生した。一方、南半球ではインド、オーストラリア、南極大陸も次第に分裂が進んでいった。

こうして分裂したコンドワナ大陸は、将来すべてアジアを中心に再融合する。そして、2～3億年後には、北極を中心としたアメイジア超大陸が形成される(P169参照)。

■生物の大海洋への進出と陸上の変化

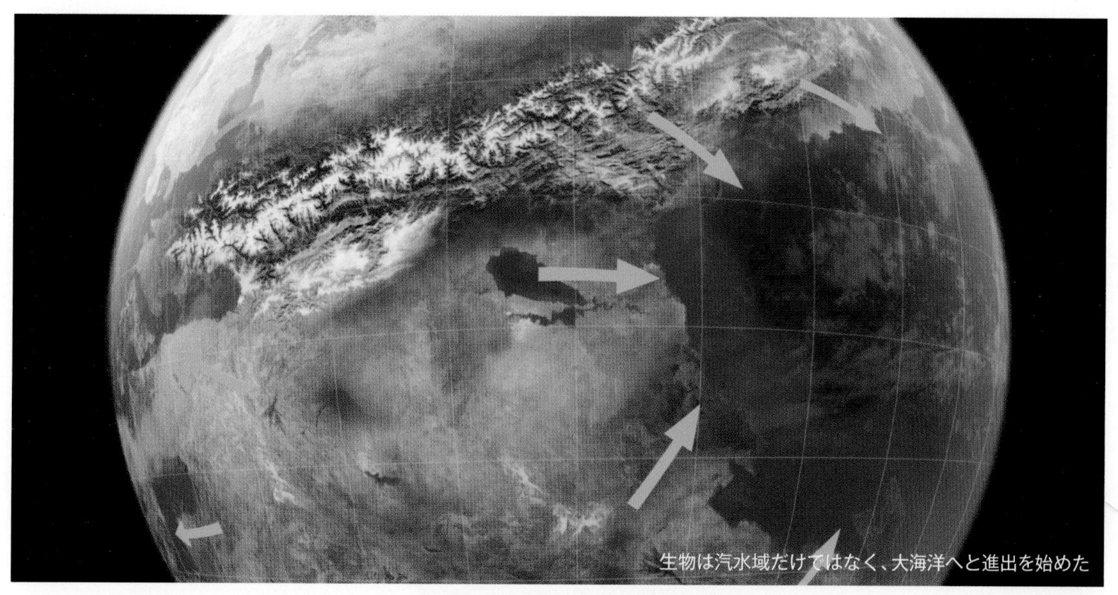
生物は汽水域だけではなく、大海洋へと進出を始めた

カンブリア爆発の最初の舞台は大洋から切り離された“閉鎖的な海”だった。だが、海水の塩分濃度の低下によって大海洋も生物が生息できる環境となり、生物の大海洋への進出が本格化していった。

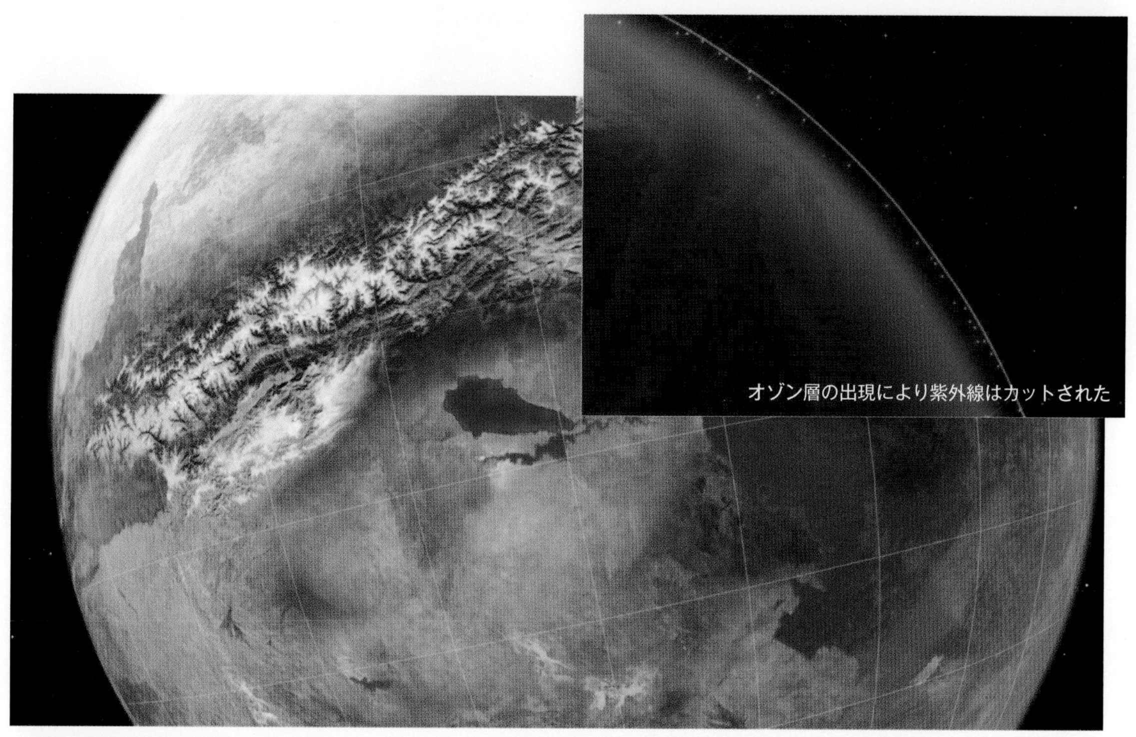
オゾン層の出現により紫外線はカットされた

▲大気上層部に生まれたオゾン層。

この頃、酸素濃度の上昇によってオゾン層の高度が高くなると同時に、オゾン濃度が高くなり、地上に到達する紫外線量が大幅に減少していた。このオゾン層の出現によって紫外線がカットされ、いよいよ陸上も、生物の生息の場として整えられていった。

■5億4000万年前　植物の陸上進出が始まった

▲浅海で繁栄していた海藻類。

▲真っ先に陸地に進出したのは藻類だった。

古生代には、動物に先行して植物が陸上に進出した。それによって動物も進化を遂げることになる。植物の出現した時期を、近年急速に発展した新たな解析手法を使うことによって明らかになった化石の証拠に基づいてまとめると、シアノバクテリアは、先カンブリア時代から湖沼や河川に沿って生息していたことがわかっている。

そのあと、原生代後期（約10億年前）からエディアカラ紀の頃までに多細胞藻類が誕生する。さらに、そこからコケ植物、地衣類に分化し、陸上に出現する。

直接的な根拠はまだ見つかっていないが、最初の緑藻はカンブリア紀かそれ以前に出現し、そこから次のシダ類、イワヒバ類などのシダ植物がオルドビス紀までに出現したと考えられている。

▲こうして彼らは、陸上生命体としての急激な進化をたどり始めた。

■コケ類・シダ類・昆虫の地上への進出

オルドビス紀（4億8540万～4億4380万年前）の後期になると、藻類に続いて、コケ類が陸上で姿を現し始めた。その後、シダ類も登場した。彼らは、陸上生活に適した葉・茎・根を発達させ、最初は河川沿いに繁栄していたが、その生息域を徐々に内陸部へ広げると同時に巨大化していった。

▲河川沿いに広がっていったシダ類。

◀巨大化していったシダ植物。

厳密に言えば、シアノバクテリアを含む微生物は、太古代に遡って、湖沼などの湿地帯に進出していたはずで、わずかな陸地に陸上生態系の根幹となる土壌微生物群として存在した。

陸上に進出した植物は、それらの土壌微生物群の生態系に立脚し、デボン紀に本格的な大進化を遂げることになった。

そして、背丈が数十㎝程度のものから、やがて高さ20mを超える植物が大森林を形成することになった。

石炭紀（3億5890万～2億9890万年前）は裸子植物の大繁栄の時代となり、古生代の終わりまでに地球の陸地は巨大な森林に覆われることになる。

オルドビス紀、シルル紀と時代が進むにつれ、大繁栄した植物がつくり出す酸素によって、酸素濃度は現在に比べて1.5倍も高い状態に近づいていった。そして石炭紀になると、リンボク（鱗木）が出現する。

彼らは沼沢地に群生し、1ha当たり1000～2000本も密生し、大きなものは、幹が直径2m、樹高は40mにも達した。先端部には細長い葉がらせん状に広がっていたが、成長するとともに下のほうから葉が落ち、幹に菱形（ひしがた）の痕（あと）が残った。「リンボク」の名の由来である。

彼らは後に浅瀬に堆積して石炭となり、産業革命以 降の人類の躍進に大きく貢献することになる。

▲リンボクの化石。 ©Smith609 at English Wikipedia

植物（維管束植物）の進化

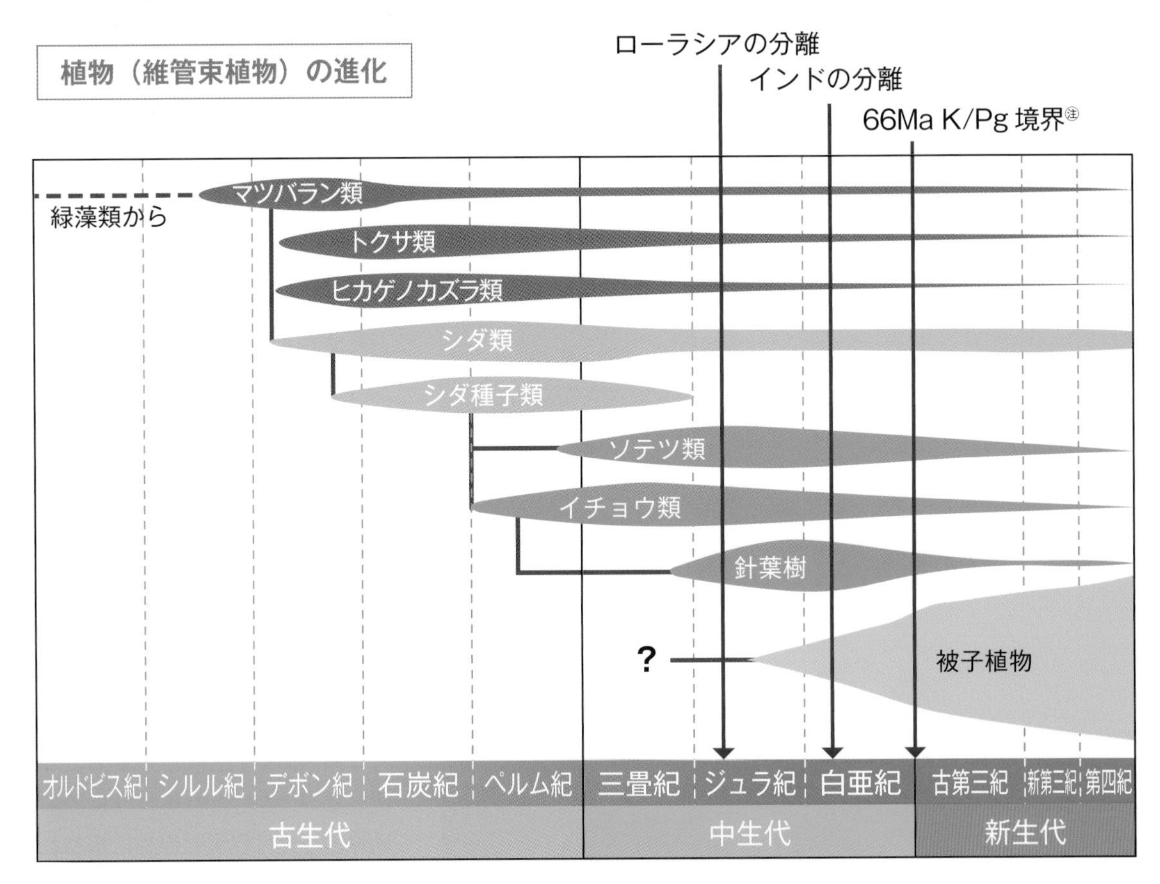

㊟6600万年前の中生代と新生代の境目。顕生代において5回の大量絶滅が発生したが、その最後に当たり、恐竜などの大型爬虫類やアンモナイトなど、生物種の約75%、個体の数では99%以上が姿を消したとされる。

■昆虫の陸上進出

▲石炭紀の森を飛翔する大型トンボ「メガネウラ」。　©七宮賢司
石炭紀に登場したトンボの一種。翼開長は60㎝から75㎝ほどにも達し、現在知られている限りの史上最大の昆虫とされている。

植物を追うように陸上に進出したのは昆虫だった。

現生のトビムシの先祖とされる原始的な昆虫が陸上に登場したのは、少なくともデボン紀（4億1920万～3億5890万年前）に遡（さかのぼ）る。

そもそも彼らの起源は水中に住むミミズなどの環形動物だった。それが、甲殻類、そして節足動物へと進化して、ついに陸上へと進出したのである。

彼らは水中では酸素を含んだ水を気門から取り入れることで呼吸をしていた。その気門は陸上でも利用できた。

そして彼らの中から、さらに進化し、羽根を持って空中を飛び回るものが出てきた。2億年前までに、現生している昆虫の目（もく）のほとんどが誕生していたとされている。

植物とともに共進化の道を歩んだ昆虫

石炭紀末期には、ソテツやイチョウ、マツの祖先である原始的な裸子植物が誕生した。彼らは、胞子を飛ばして繁殖していたシダ類とは異なり、種をつくる能力を持っていた。

種子は乾燥に強く、遠くに移動することが可能だった。そのため、彼らは内陸部深くまで生息域を広げていった。

一方、それまで栄華を誇っていたシダ類の王者ともいえるリンボクは中生代までに絶滅してしまう。

そんな中、昆虫たちは裸子植物の生い茂る森の中で進化していった。さらにジュラ紀末期に被子植物が出現すると、昆虫たちはさらなる大繁栄を遂げることになる。

■魚類の誕生と発展

カンブリア紀に誕生した最古の魚類、ハイコウイクティス

藻類が陸上で生息域を広げつつあった5億4000万年前頃、カンブリア紀の海の中では魚類が誕生した。魚類は脊索（せきさく）動物門の一種で、最も原始的な魚類とされているのはハイコウイクティスである。全長2.6㎝ほどで発達した脊索を持ち、捕食生物の攻撃を巧みにかわす運動能力を持っていたと考えられている。

さらにオルドビス紀（4億8540万～4億4380万年前）、シルル紀（4億4380万～約4億1920万年前）、デボン紀（4億1920万～3億5890万年前）には、海中生物の進化に拍車がかかった。

オルドビス紀に登場したアランダスピス　©Nobu Tamura

アランダスピスは体長15㎝ほどで、頭部から胴体前半部にかけては骨質の甲羅で覆われていることから「甲冑魚（かっちゅうぎょ）」とも呼ばれ、最古の「無顎類（むがくるい）」ともされている。無顎類とは脊椎（せきつい）動物の中で顎（あご）を持たないもののことで、食物を丸呑（の）みにした。現生しているのはヤツメウナギ類とヌタウナギ類のみだ。鰭（ひれ）を持たないため、海底付近をユラユラと泳いでいたと考えられている。

▲デボン紀前期に出現したドレパナスピス

無顎類の一種であるドレパナスピスは、体長30㎝ほどで、かなりはっきりとした尾鰭を持つようになっていた。海底の泥の中を這い回って餌を探していたと考えられている。

脊椎動物の進化

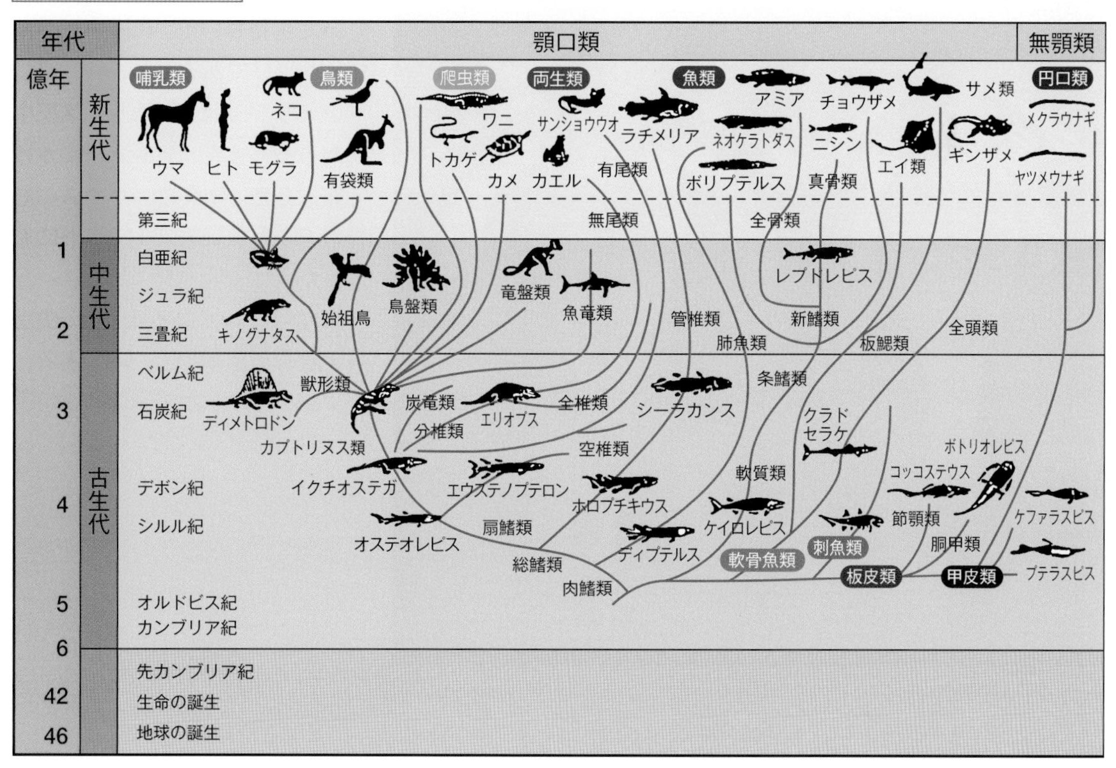

『地学辞典』(平凡社)を改変

■にぎやかだった海の中

オルドビス紀に入り魚類の進化が進むと同時に、この時代には、巨大な頭足類も出現した。カメロケラスは全長が最大11mに達するほどの大きさで、オルドビス紀最大の生物として君臨していた。

カメロケラス ©Nobu Tamura

▲ドイツの生物学者エルンスト・ヘッケルによるウミサソリのイラスト。Wikipediaより

また、海底を這(は)いずって生活していた生物もいた。代表的なのがウミサソリである。

ウミサソリは、オルドビス紀中期からシルル紀、デボン紀にかけて繁栄した。体長数㎝サイズのものから、大きいものは2.5mにも達した。

現在知られている中では、史上最大級の節足動物の一種である。

■最も進化した魚類としてシーラカンスが出現

体長1～2mのシーラカンスは、デボン紀には世界中の水域で生息していた。

シーラカンスは硬骨魚綱に分類されており、当時の魚類の中では最も進化した種である。

◀デボン紀に登場したシーラカンス。

今も生きているシーラカンス ©Atypeek/iStock

■陸上進出を目の前にした両生類

デボン紀最末期の海を泳ぐイクチオステガ

魚類は進化を続け、デボン紀の末期になると、両生類の祖先が出現する。

魚類から進化したイクチオステガは体長1～1.5mで、頭骨こそ魚類に近かったが、頑丈な四肢と脊椎、発達した肋骨も兼ね備えていた。ただし、尾にシーラカンスのような鰭を持っていることや後肢の先端には7本もの指があることなどから、陸上を歩くのには適しておらず、水中で生活していたと考えられているが、彼らの地上進出は直前に迫っていた。

目の発明

古生代は多様な動植物が進化した時代であり、現代の地球生態系で見られる基本骨格がつくられていった時代である。

この時代に最も繁栄した動物の代表と言えるのが三葉虫だ。三葉虫は、カンブリア紀の大爆発の時代に地球に誕生した節足動物で、古生代を通じて大繁栄した。

繁栄の理由のひとつは、目の発明である。三葉虫は、方解石からできた複眼の目を持っていたことがわかっている。動物にとって、最も効率の良い栄養の取り方は、植物ではなく、同じ動物の仲間をとらえて食べることである。

その弱肉強食の時代はカンブリア紀に始まり、目を発明した三葉虫が動物界の王者になったのは必然と言えるだろう。

三葉虫の例に見られるように、生物の体内で鉱物をつくり出し利用することを生体鉱化作用という。方解石でできた目の発達は、この時期の海洋に大量のカルシウムイオンが供給されたということが原因である。

当時の陸地面積はそれ以前の約3倍に増え、大量の栄養塩が陸地から供給されるようになっていた。半ば閉鎖された内湾のような環境の下で、多種多様な無機鉱物が海水中に飽和して、生体鉱化作用が大規模かつ普遍的に起きた。その結果として起きた目の発明によって、三葉虫は弱肉強食の時代を生きながらえる機能を備え、古生代に大きく繁栄したのである。

◀デボン紀中期の地層で発見された三葉虫の化石。彼らは全部で450～560個のレンズ（縦に18または19個のレンズ）が並んだ目を持っていたことが確認されている。

■デボン紀末期、ついに上陸した両生類

両生類は陸上を生活圏とした初の脊椎(せきつい)動物である。彼らが進化することによって、恐竜を含む爬(は)虫類(ちゅうるい)や、哺乳類(ほにゅうるい)が生まれ、それが人類までつながるのだ。

彼らは原始的な肺を持っていた。彼らはその機能をさらに進化させて、陸上での生活に適応していった。

▲上陸を果たした両生類の祖先であるイクチオステガ。イクチオステガは四肢を使って移動し、尾でバランスを取っていたと考えられている。

▲陸上活動するイクチオステガ。重力から内臓を守るために、すでに肋骨が発達していたと考えられている。

両生類から爬虫類への進化

陸上進出を果たした両生類は、当初、下に紹介するディプロカウルスやアルケゴサウルスのように水辺で繁栄していた。やがて陸上で両生類の進化が進むと、哺乳類(ほにゅうるい)へとつながる単弓類(たんきゅうるい)と鳥類を含む爬虫類(はちゅうるい)へとつながる双弓類(そうきゅうるい)へと分岐する。

単弓類の起源は石炭紀に遡る(さかのぼる)といわれている。単弓類の中でも初期に出現したものは、盤竜目(ばんりゅうもく)(ディメトロドンなど)に分類される。その盤竜目はペルム紀後期にはその姿を消し、それに代わって獣弓類(じゅうきゅうるい)(ディイクトドンなど)が出現した。

◀ディプロカウルス　©Nobu Tamura
石炭紀からペルム紀にかけて出現した全長60～90㎝の水生両生類。成長するとともに頭骨の両脇と頭蓋頂の骨が左右に大きく伸びブーメランのような形に成長。頭骨の幅は最大30㎝を超えていた。現在の北アメリカ大陸に生息していたと考えられている。

◀アルケゴサウルス　©ДиБгд
ペルム紀前期に出現。全長1.5m程度で、ワニに似た外見をした両生類で水辺に生息していた。化石はヨーロッパで多く発見されている。

◀ディメトロドン(左)とディイクトドン(右)。©七宮賢司

◀プロキノスクス　©Nobu Tamura

ディメトロドン(上図左)は、ペルム紀(2億9890万～2億5190万年前)の前期に出現し、現在の北アメリカ大陸に生息していた肉食動物で、哺乳類の祖先である単弓類(盤竜目)に分類されている。全長1.7～3.5m。

ディイクトドン(上図右)は、ペルム紀後期に出現したとされる草食の単弓類(獣弓目)で、南アフリカで大量の化石が発見されている。ひとつの巣穴から多数の幼体の化石が一度に見つかったことから、つがいで育児を行っていたのではないかと考えられている。全長45～60cm。

プロキノスクス(上図)は、比較的初期に出現した単弓類(獣弓目)で、カワウソのような体形をしており、魚などを捕食していたのではないかと考えられている。全長約50cm。

爬虫類と哺乳類への進化

両生類は、哺乳類と爬虫類へと分化していく。哺乳類へと進化するグループは単弓類と呼ばれ、頭蓋骨側頭部下方に側頭窓と呼ばれる穴が両側それぞれひとつ開いていることが特徴である。一方、爬虫類へと進化するグループは双弓類と呼ばれ、側頭窓が左右両側にそれぞれ2つ開いていることが特徴である。

化石の記録からわかる形態進化と現生生物の遺伝的解析に基づくと、哺乳類と爬虫類は古生代後期に同じ祖先から分岐して誕生したあと、古生代ペルム紀末の大量絶滅を共に生き延びた。2億5000万年前より前の時期までに、爬虫類は、トカゲ・ヘビ類、カメ類、ワニ類へと分かれ、2億5000万年前頃までには最初の恐竜類が誕生したと考えられる。恐竜の最初の化石記録として知られているのは、2億2800万年前頃（中生代三畳紀後期）の地層から発見された小型肉食恐竜のエオラプトルである（P133参照）。

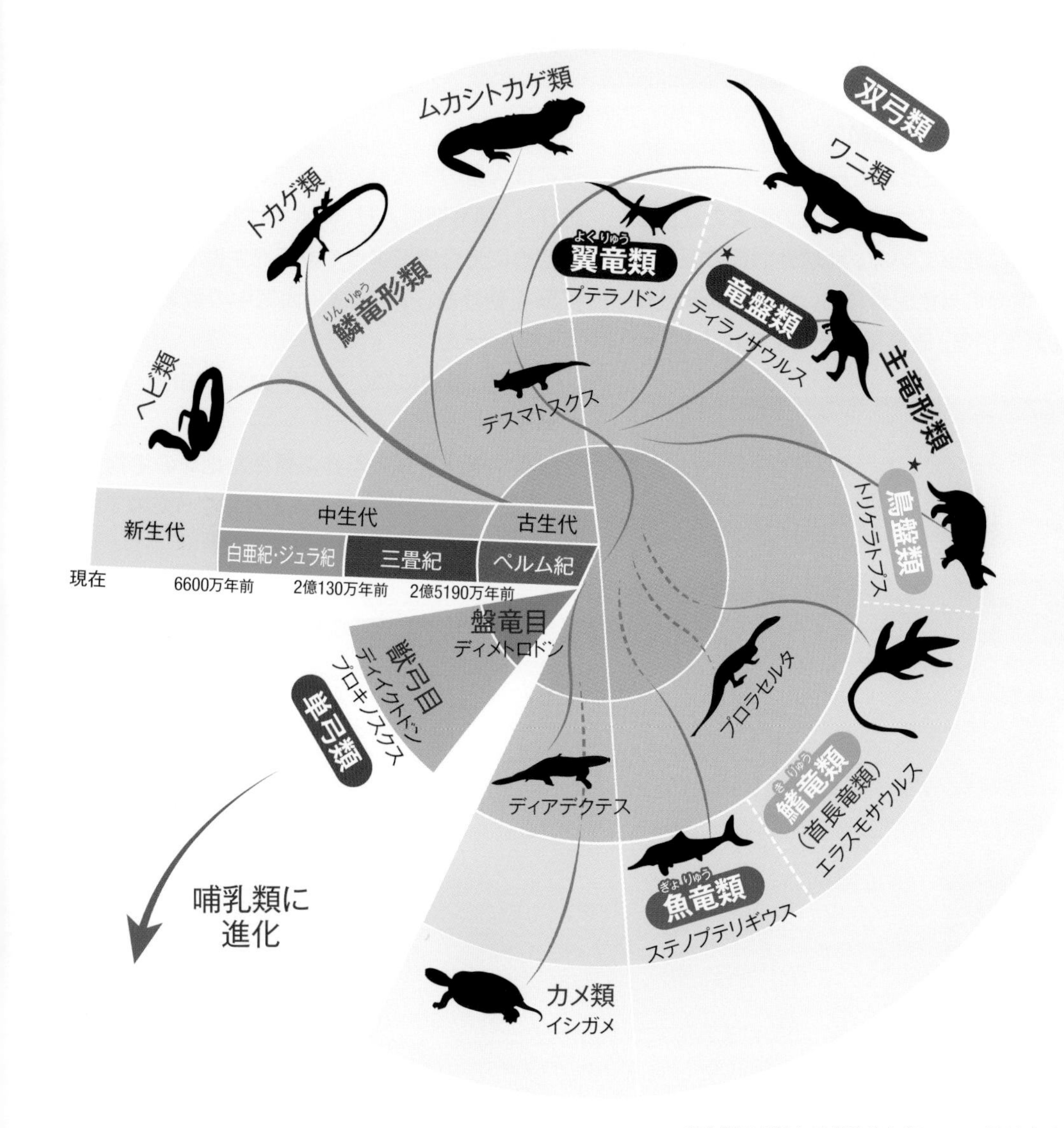

爬虫類の分類と時代的分布（Colbert,1991を改変）

■顕生代最大の生物の大量絶滅

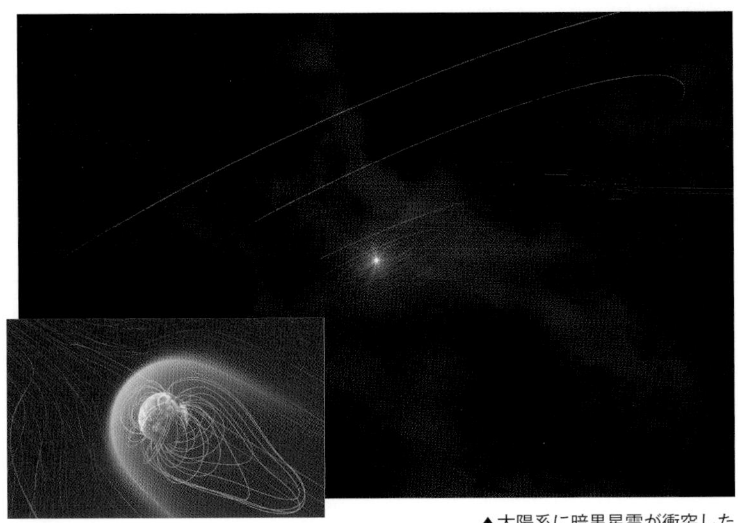

▲地球に降り注ぐ宇宙線。

▲太陽系に暗黒星雲が衝突した。

2億6000万～2億5000万年前、太陽系は暗黒星雲と衝突した。太陽系が暗黒星雲の内部を通過したため、大量の宇宙線が地球に降り注ぐこととなった。

天の川銀河の内部には多くの暗黒星雲（分子雲）が分布している。暗黒星雲は高密度・低温の星間ガスからなり、大きさは約0.2～174pc（1pc＝約3.26光年）の広がりを持っている。太陽系は誕生から現在に至るまで、何度も暗黒星雲に遭遇していると推定されており、遭遇の頻度は、1億年に1回程度だと考えられている。

こうした天の川銀河と暗黒星雲の衝突の証拠は、地球の地層内に残っている。地球外物質の証拠は、日本のP/T境界の黒色泥岩（Ne［ネオン］の同位体比）に残されている。暗黒星雲との衝突により、地球には大量の宇宙線が降り注いだ。これによって地球は、極寒期に入り、海水準は200mも低下した。

初めに光合成によって酸素を生産する植物が大打撃を受けた。そのため、大気中の酸素濃度が低下していった。

そして、植物に続いて、両生類、爬虫類、昆虫が大量絶滅した。

順調に進化を続けるかに見えた地球の生物たちは、再び大きな試練を受けることになったのである。

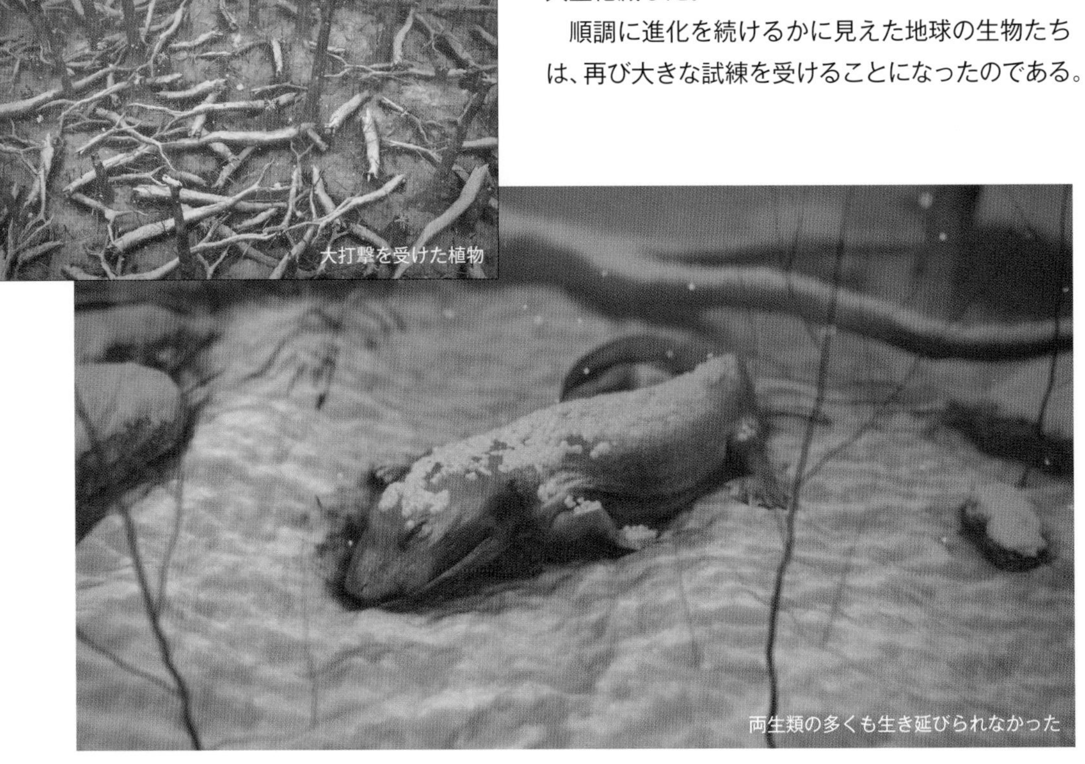

大打撃を受けた植物

両生類の多くも生き延びられなかった

■劇的な主役交代劇前の地球

降り注ぐ宇宙線と極寒期の地球

酸素濃度が減少した結果、高酸素に適応していた大型の両生類と爬虫類が大打撃を受け、昆虫が次々と死滅する一方で、貧酸素環境で生き延びていた嫌気性生物たちが再び地表に進出し始めた。

それは次の時代をつくる準備期間でもあった。やがて人類へと続く、新しい生物の誕生が目前に迫っていた。

極寒期の海洋で勢いを取り戻した微生物

極寒期終息間近の地球

Chapter 10 中生代～人類の誕生前夜まで

中世代になると地球は温暖期を迎えた

ペルム紀末に顕生代最大の大量絶滅が起きると、地球表層環境は再び温暖期を迎えた。そして、新たな生物進化が始まった。巨大大陸パンゲア上では、いよいよ恐竜が出現し栄華を誇った。

■パンゲア超大陸の形成で再加速した生物の進化

▲誕生したパンゲア超大陸。

ペルム紀の大量絶滅後、三畳紀（2億5190万～2億130万年前）の地球の酸素濃度は10％程度まで低下していた。

この貧酸素状態は、次のジュラ紀頃まで続くことになった。

一方、気温は徐々に上昇し、急速に温暖化が進んだ。そしてパンゲア大陸上では、両生類が哺乳類と爬虫類に分かれ、再び進化を始めた。

◀温暖化が進み、植物も復活、地球は再び緑で彩られていった。

◀爬虫類は多種多様に進化していった。その中から、恐竜に進化していくものが現れる。

COLUMN 恐竜類の進化と大陸配置

現在見つかっている最古の恐竜化石は三畳紀後期のもので、アルゼンチンで発見された。しかし、三畳紀後期には、恐竜はすでに南半球から北半球の多くの場所で繁栄し、大型の草食竜、鳥竜、そして大小様々な肉食竜など、すでに多種多様に進化していた。

また、ジュラ紀(2億130万〜1億4500万年前)の中期になると、特にアジアで恐竜が多様化し、角竜などが新たに誕生したことが、化石の産出からわかっている。

そして白亜紀(1億4500万〜6600万年前)の前期には，ローラシア大陸、南米大陸、アフリカ大陸が完全に分断され、恐竜の多様化と生息地の拡大が主にローラシアで進んだ。そして、絶滅の直前の白亜紀末期には、ローラシア全域に多種多様な種類が分布するようになった。

このような恐竜の多様化はローラシア大陸で特に顕著に起きたと言える。なぜなら、それはローラシア大陸融合によって冠進化が起きたからである。ローラシア大陸は、三畳紀に7〜8個の大陸が衝突・融合して成立した。このときに恐竜の交雑が進み、史上最大規模の冠進化が起きたのである。

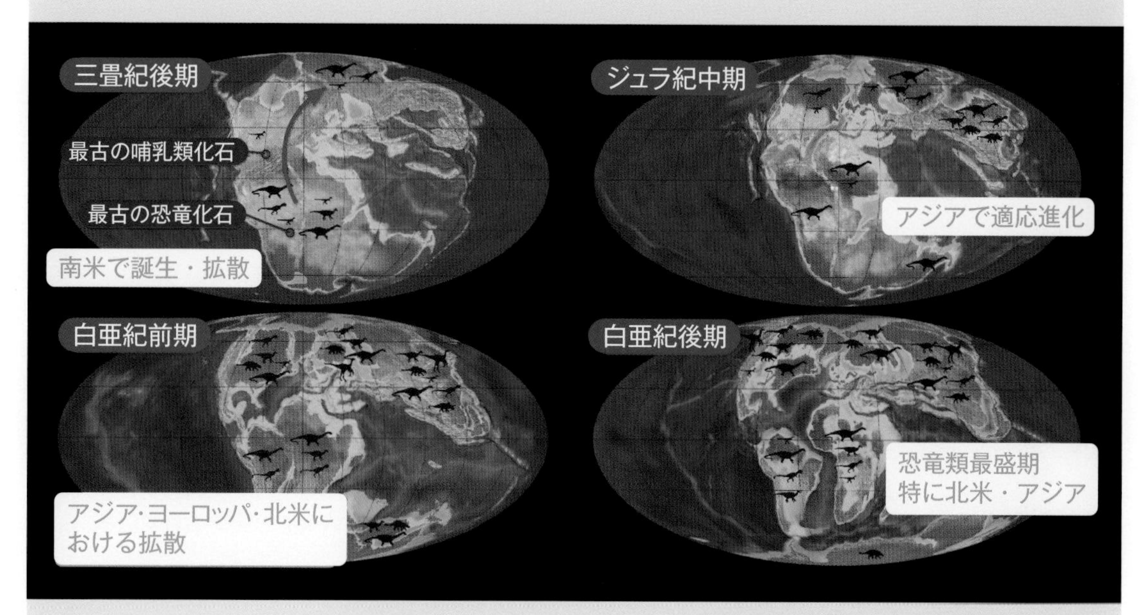

『地球を読み解く』(放送大学教育出版会)より

■三畳紀　哺乳類の出現

時代は三畳紀へと移った。そしてついに、キノドン類の中から、哺乳類が誕生する。

現在発見されている中で“最古の哺乳類”とされているのは、アデロバシレウスである。

その化石はアメリカ・テキサス州西部の2億2500万年前（三畳紀後期）の地層で発見された。

彼らは卵を産んで繁殖していた。体長は10㎝から15㎝で、現在のトガリネズミのような外見をしており、主として昆虫やミミズなどを食べる夜行性動物だったと考えられている。

ちなみにアデロバシレウスとは「目立たない王」という意味である。彼らはその名のとおり、爬虫類が繁栄する森の中で、ひっそりと身を隠しながら生きていたと考えられている。

最古の哺乳類アデロバシレウス

COLUMN　アデロバシレウスの子孫「単孔類」

▲現生しているカモノハシ　©Stefan Kraft

哺乳類であるにもかかわらず卵生で、消化管、排尿管、輸卵（精）管が同時に開口する総排泄孔を持つ動物（単孔類）は今も存在している。

オーストラリアやその周辺の島に生息しているカモノハシやハリモグラがそうだ。

乳腺があることから哺乳類に分類されている。彼らは最古の哺乳類アデロバシレウスの子孫だと考えられている。

■恐竜への進化

アデロバシレウスが出現したのとほぼ時を同じくして出現したのが恐竜である。

エオラプトルは約2億2800万年前頃に生息していた最古の恐竜のひとつとされている。体長約1mと小型だが、恐竜の特徴である中空の骨を持ち、顎には多数の歯があった。

獣脚類に分類されているが、獣脚類と竜脚類の特徴を併せ持っている。

▲最古の恐竜エオラプトル　恐竜類

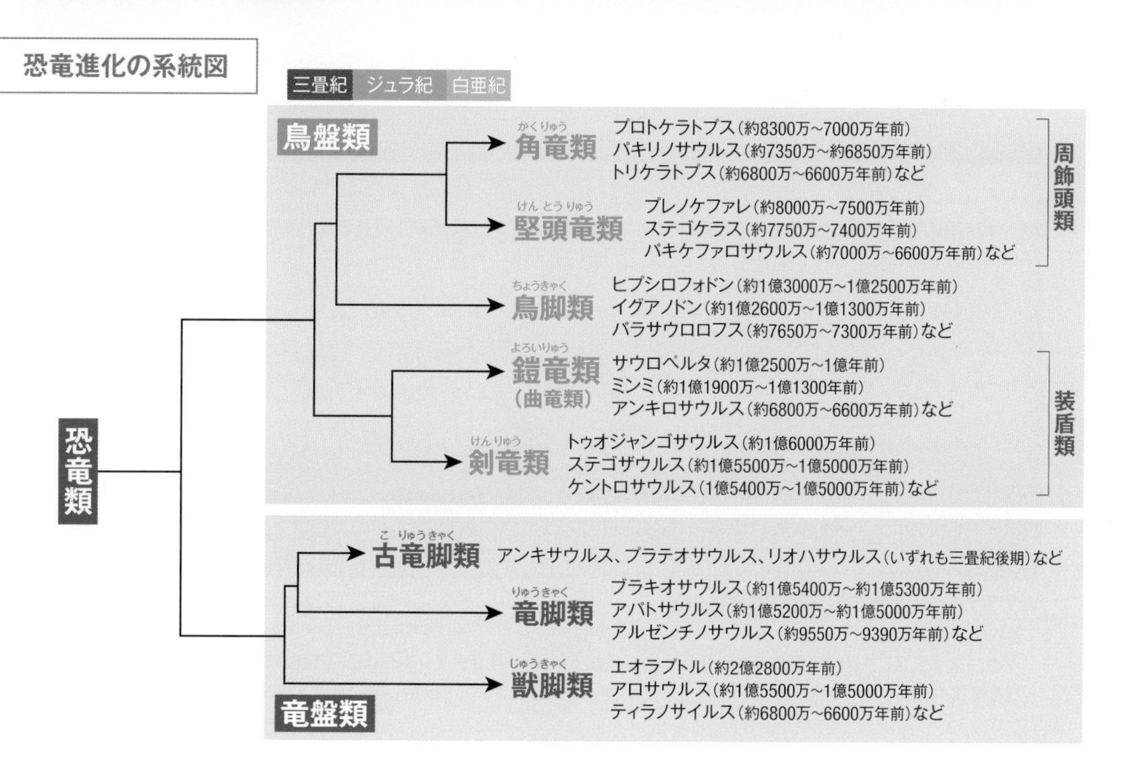

三畳紀の生き物たち

◀ショニサウルス 魚竜類
©Nobu Tamura
陸上に恐竜が出現する2200万年ほど前、陸棲爬虫類の中から、海に回帰するものが現れ、進化していた。「魚竜」である。ショニサウルスは、20mほどまで成長する巨大な魚竜で、その化石は、アメリカのネバダ州の約2億2000万年前の地層から発見されている。

◀プレシオサウルス 鰭竜類
©七宮賢司
三畳紀後期からジュラ紀前期にかけて生息していた首長竜。体長は2 ~5mで、イカなどの軟体動物を捕食していたと考えられている。また、成体の腹部の骨に子どもの骨が重なっている化石が発見されたことから、胎生だったと考えられている。

▲サウロスクス 主竜形類(ワニに近い)
©Nobu Tamura
サウロスクスは、三畳紀後期の南米に生息していた大型の爬虫類である。体長は6～9mに達し、三畳紀後期最強の捕食者として生態系の頂点に立っていたと考えられている。現生しているワニの先祖である。

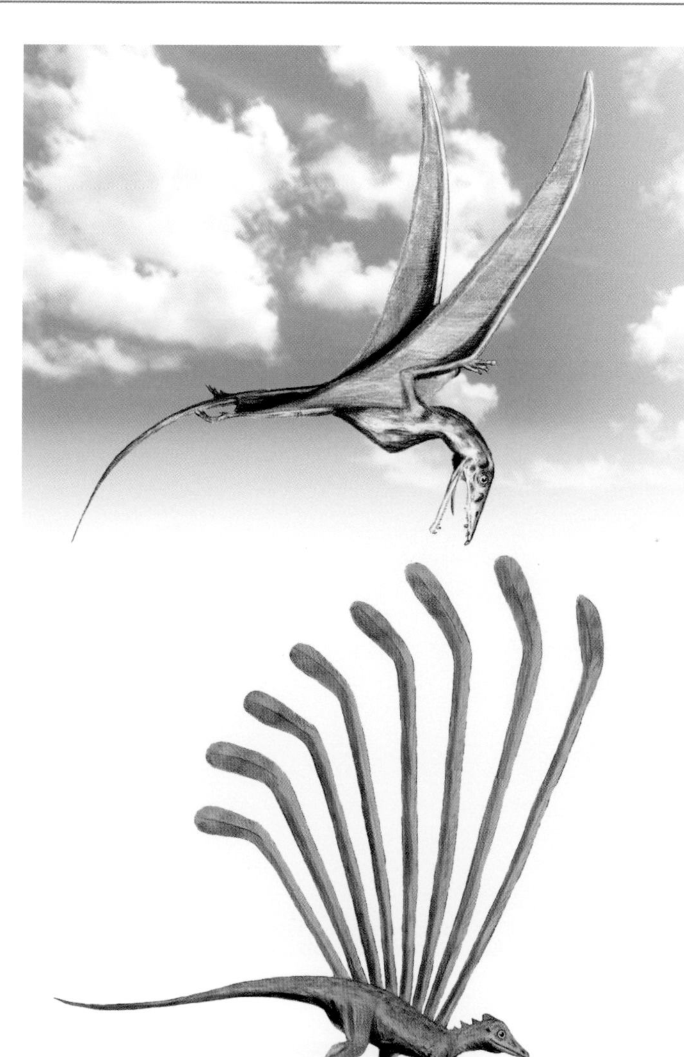

◀エウディモルフォドン 翼竜類
©Nobu Tamura
三畳紀後期に出現した翼竜の一種で、現在知られている最古の翼竜のひとつとされている。前歯は釘のような形をしており、奥歯は突起の多い複雑な形をしている。翼を広げたときの長さは約90㎝で、魚を食べていたと考えられている。

◀ロンギスクアマ 主竜形類(トカゲに近い)
©Nobu Tamura
三畳紀前期に登場した全長約15～25cmの爬虫類で、背中に一列の突起が生えていた。この突起は鳥の羽と同じような形をしており、木の枝などから飛び降りるときなどに、パラシュートの役割を果たしたのではないかと考えられている。

◀プラテオサウルス 恐竜類
©MR1805/iStock
三畳紀後期に生息していた竜脚類の恐竜。全長7～9m。草食恐竜だったが、恐竜が大型化していく先駆けとなったとされている。

■恐竜の進化を加速させた大陸の動き

大陸の分裂帯では、活発な火山活動によって大量のHiR（ハイアール）マグマ（Highly Radiogenic magma）が噴き上げられていた。

HiRマグマは放射性元素を多く含むため、このマグマにさらされた動植物たちに突然変異が起きた。そして、茎進化によって新種が誕生していった（P101参照）。

誕生した種は、パンゲアの分裂によって、小大陸に隔離され、それぞれの小大陸上で独自に孤立進化していった。

そして大陸の離合集散とともに、恐竜の生息域も広がっていった。

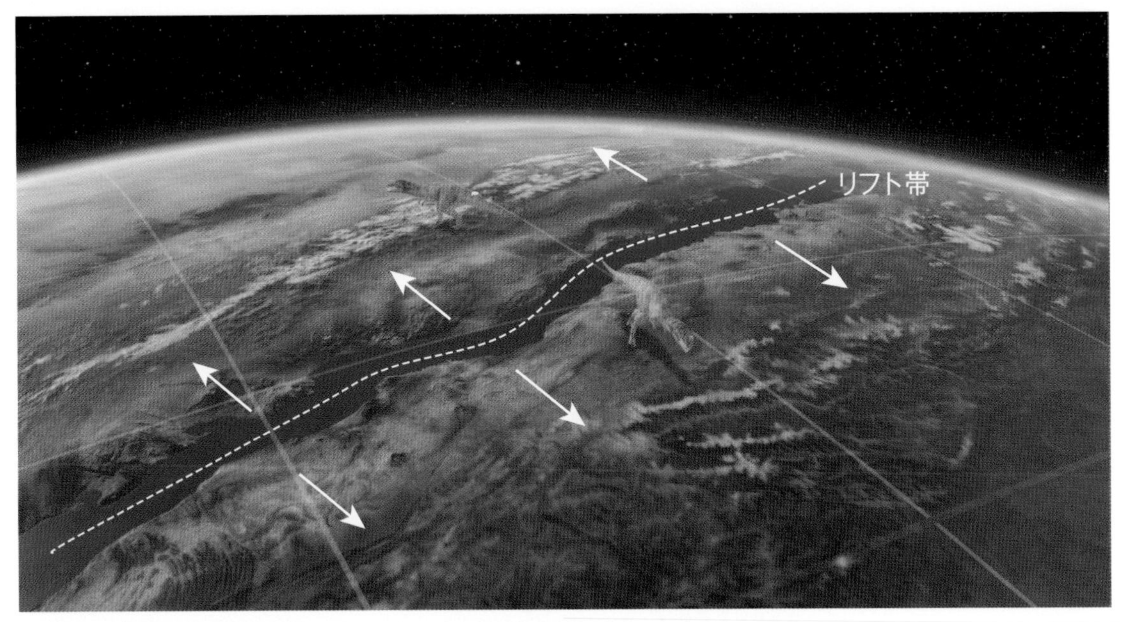

▲恐竜たちは大陸分裂の場で噴出するHiRマグマにより突然変異を起こした。

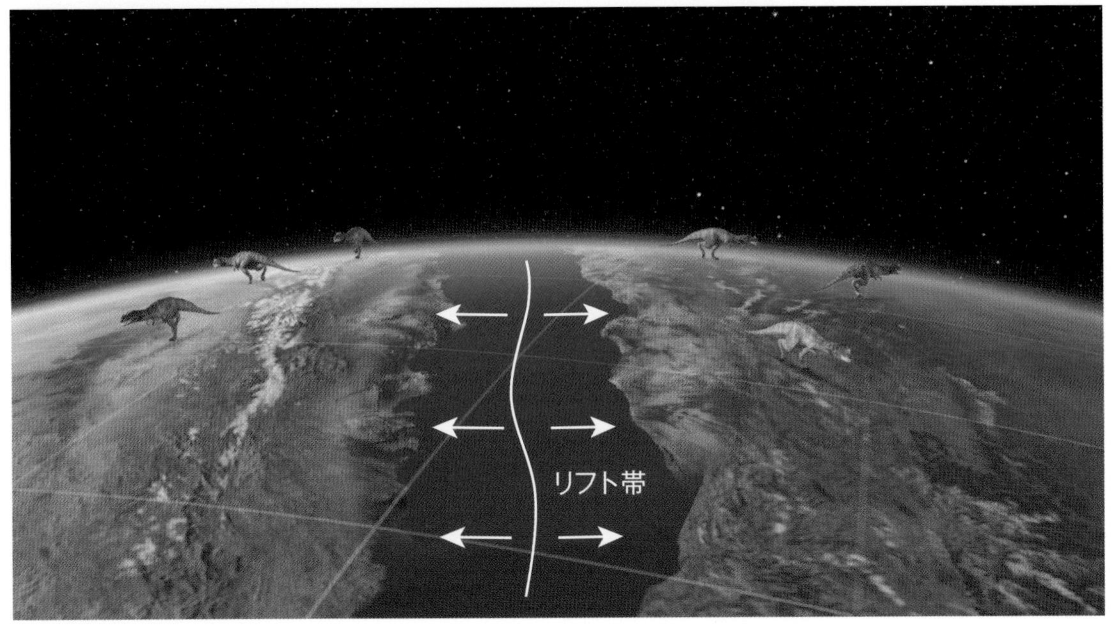

▲分裂するパンゲア超大陸。

恐竜の大型化

大陸の融合が起き、大陸同士が陸続きになると、それまで別々の大陸上で孤立進化していた様々な種が交雑し、多種多様な種を生み出していった。これが「冠進化」である（P103参照）。こうした進化は、恐竜に限ったことではなく、その他の動物や植物でも同様である。

▲分裂していたパンゲア大陸の北側部分が再び融合していった。

▲大陸の離合集散により生物は進化して、多種多様な種を生み出した。

ジュラ紀の生き物たち

▲繁栄の時代がやってきた。

上図右の大型の恐竜は草食恐竜のブラキオサウルス(竜脚類)である。

体長約25m、体高約16m、体重は50 t 近くもあり、1億5400万～1億5300万年前のジュラ紀後期にローラシア大陸西部およびゴンドワナ大陸の一部に生息していた。

▲水辺に集まった草食恐竜・ステゴザウルス(剣竜類)の群れ。
彼らもまた、ジュラ紀後期に出現した恐竜で体長は7mほどあった。

◀アロサウルス 恐竜類
©七宮賢司
アロサウルス（獣脚類）はジュラ紀後期の1億5500万～1億5000万年前の北アメリカに生息していた大型肉食獣脚類に属する恐竜。頭から尻尾の先端までの全長は10mに達した。ジュラ紀後期最強の肉食恐竜だった。

◀イグアノドン 恐竜類
©七宮賢司
イグアノドン（鳥脚類）は1億5000万年前に出現した草食恐竜。全長7～9m、体重は5ｔほどだった。

◀アーケオプテリクス（始祖鳥） 鳥類
©七宮賢司
アーケオプテリクスの最初の化石はドイツのバイエルン州ゾルンホーフェン地域のジュラ紀最末期の地層から発見された。体長は30㎝ほどで、前足に羽根が並んで幅広で曲線的な翼を形づくっている。かつては鳥の直接の祖先とされていたが、現在は現存する鳥類の祖先に近いものの直接の祖先ではないとされている。

ジュラ紀の海で繁栄していたのは、アンモナイトだった。彼らはオウムガイから分化したと考えられており、シルル紀末期から白亜紀末までのおよそ3億5000万年間、世界の海に広く分布していた。現生しているイカやタコの近縁に当たる。

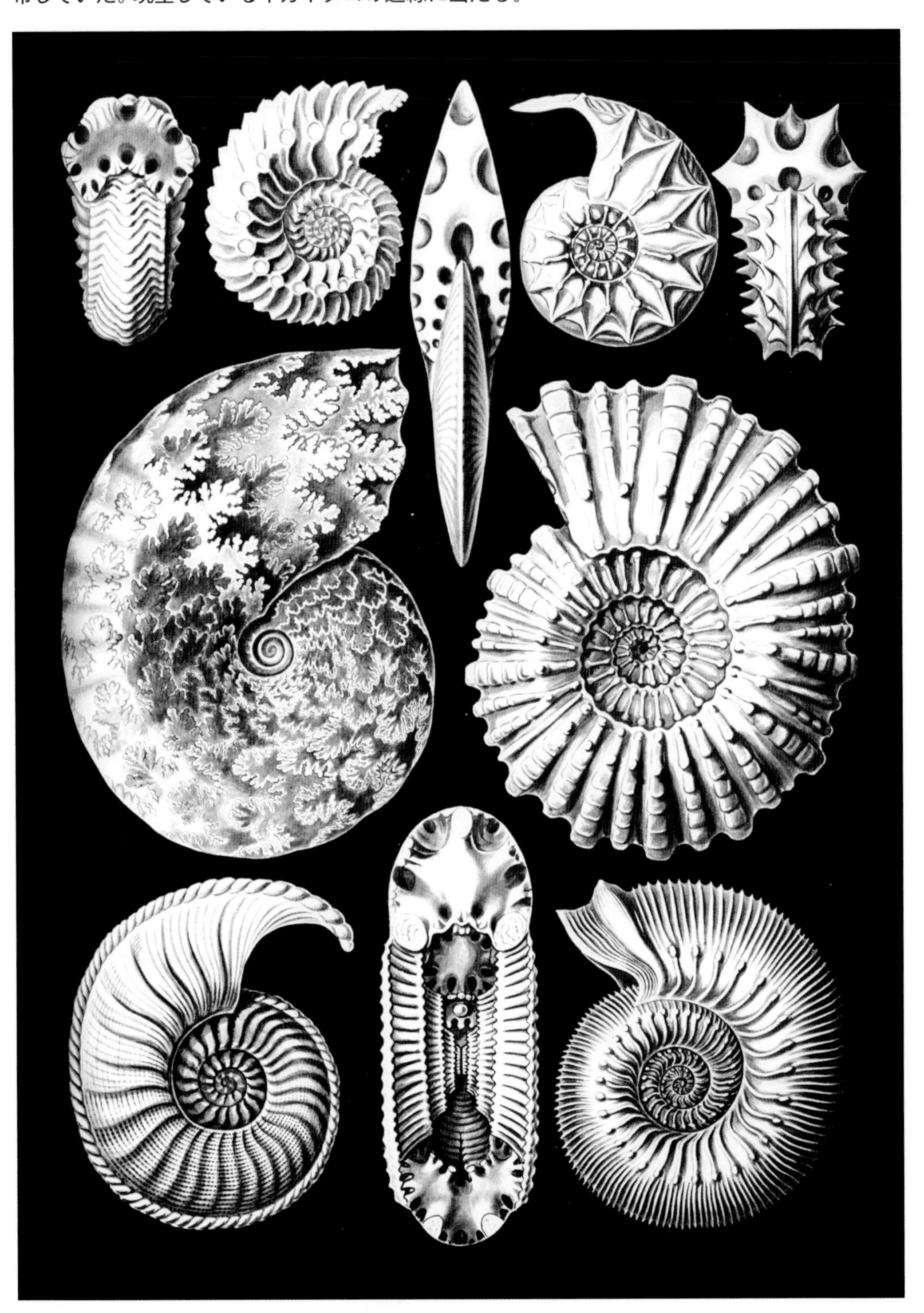

▲ドイツの生物学者エルンスト・ヘッケルによるアンモナイトの図。Wikipediaより

■被子植物の誕生

古生代に陸上に進出して大繁栄した植物は，古生代末の大量絶滅で大打撃を被ったものの、生き抜いて復活し、中生代に再び繁栄した。

被子植物の起源はまだ明らかになっていないが，花粉の化石から、古生代末には既に存在していた可能性が示唆されている。

そして白亜紀に入ると、被子植物は全地球的に広がり、裸子植物を圧倒していった。

その勢いは、白亜紀末の生物の大量絶滅後にさらに激しさを増した。

1億3000万年前頃、赤道付近に単長口型という形態的特徴を持つ花粉が出現したことがわかっている。現生しているオニユリの花粉がそのタイプだが、この花粉を持つ植物は、赤道直下付近で誕生した後、約3000万年の間に、大陸分裂とは無関係に、ほぼ全地球に広がった。

まだ鳥が存在していない時代に、このように急速に拡散が進んだことは、単長口型の被子植物の種子が、河川や海流による運搬に十分に耐え得るものであったことを示唆している。つまり、被子植物の種子の強さを反映している。

▲より進んだ繁殖システムを持つ被子植物が誕生した。

◀昆虫が被子植物の受粉に貢献した。

被子植物は昆虫や動物の力を借りて受粉するという方法を取った。その結果、被子植物は生息領域を急速に広げ、裸子植物は徐々に生息領域を奪われていったのである。

白亜紀の生き物たち

地球史上最強とされるティラノサウルスとパラサウロロフス(右奥) 恐竜類 ©iStock/Warpaintcobra

白亜紀においても恐竜の繁栄は続いた。白亜紀を代表する恐竜がティラノサウルス(獣脚類)である。彼らが生息していたのは、白亜紀末期の約6800万～6600万年前で、成体の体長は11～13mで、体重は6～9t だったとされている。また、上の画像の右奥に描かれているのは草食恐竜のパラサウロロフス(鳥脚類)だ。体長10～13mで、体重は4 t に達したと推定される。

獣脚類から鳥類への進化

恐竜の化石は世界各地で発見されてきたが、特に中国の山東省や遼寧省などでは、国内の開発に伴って、これまでに2万個以上の恐竜の化石が報告されており、その中から、羽毛を持つ獣脚類の化石も発見されている。このような化石の発見にもとづくと、ジュラ紀後期には獣脚類の中から鳥類に進化するものが出現したと考えられる。

例えば、体長9mに達するユーティラヌスや、体長2mほどのディロングは、化石から羽毛を持っていたことが明らかになっている。彼らはティラノサウルスの祖先だと見なされており、ティラノサウルスも7000万年前までには羽毛を持ったのではないかとされている。

また、白亜紀前期に登場したミクロテプトルは体長50～80㎝の小型の獣脚類だったが、前肢と後肢に始祖鳥(あるいはアーケオプテリスク、P139参照)と同じように羽毛を持っており、恐竜ながら飛行することが可能だったと考えられている。白亜紀の空を飛んでいたのは、翼竜、原始的な鳥類、そして羽毛を発達させた小型恐竜たちだったのかもしれない。

▲プロトケラトプス 恐竜類
©七宮賢司
プロトケラトプス(角竜類)は、角竜に分類されている草食恐竜だ。白亜紀後期の8300万～7000万年前に生息していた。体長は約2mと角竜の中では小型。集団で子育てをしていたと考えられている。同族の3本の角を持つトリケラトプスもよく知られている。

▲サイカニア 恐竜類
©七宮賢司
サイカニア(鎧竜類)は、7500万～7000万年前に生息した草食恐竜で、曲竜類に分類されている。全長5m、体重2ｔほどの中型の恐竜だった。

◀アルゼンチノサウルス 恐竜類
ⓒNobu Tamura
アルゼンチノサウルス（竜脚類）は9700万～9350万年前の南アメリカ大陸に生息していた草食恐竜。全長30～35m、体重80～100 t で地上棲の動物としては史上最大級とされている。

◀ガリミムス 恐竜類
ⓒ七宮賢司
ガリミムス（獣脚類）は7000万年前に生息していた。全長4～6m、体重440kgほどで、ダチョウ並みのスピードで走ることができたと考えられている。歯はなく、嘴で甲殻類、種子、昆虫などを食べたり、沼や小川で微生物を食べたりしていたとされる。

◀テリジノサウルス 恐竜類
ⓒ七宮賢司
テリジノサウルス（獣脚類）も7000万年前頃に生息していた。全長8～11mで、長さ2mにおよぶ前脚を持ち、70㎝の長大な鉤爪がついていた。鉤爪の役割については、食糧となる植物を鍬のようにかき寄せたとする説や、肉食恐竜から身を守るための武器として使ったとする説など諸説がある。

◀ケツァルコアトルス 翼竜類
©CoreyFord／iStock
ケツァルコアトルス（翼竜類）は、白亜紀の最末期の6800万年前から6600万年前にかけての約200万年間、北アメリカ大陸で生きていた。翼を広げると12m近くなる史上最大級の飛行生物だったが、骨の内部に気嚢（きのう）があり、体重は100kg程度だったとされる。

◀モササウルス トカゲ類
©七宮賢司
モササウルス（トカゲ亜目）は、7000万～6600万年前にかけて生息していた水棲（すいせい）の大トカゲ。最大種のモササウルス・ホフマニは全長17mにも達し、魚類、ウミガメ、アンモナイト、水棲爬虫類（はちゅうるい）ばかりか、鳥類、翼竜、首長竜、あるいは水際にやってきた恐竜までも捕食していたと考えられている。

■霊長類の誕生

約1億5000万年前頃になると、南極地域に残っていたゴンドワナ大陸が分裂し始めた。大陸分裂の場（リフト帯）では茎進化によって新たな種が生まれた。このとき誕生したのが、霊長類（れいちょうるい）の祖先だと考えられる。この分岐によって、霊長類はネズミなどの齧歯類（げっしるい）と分かれた。

現在発見されている中で、最も古い霊長類の祖先（近縁あるいは遠い祖先）は、6500万～4860万年前頃にかけて、分裂ゴンドワナ大陸に生息していた「プレシアダピス」とされているが、その大きさはリスほどで、長い尾とモノをつかめる手を持ち、樹上生活を送っていたと考えられている。

◀プレシアダピス　©Nobu Tamura
彼らは霊長目に近縁、または遠い祖先とされている。

■霊長類の進化と移動

▲ゴンドワナ大陸が南米大陸とアフリカ大陸に分離。

▲南米大陸に渡った霊長類の祖先はそこで孤立進化し、新世界ザルとなる。

▲一方のアフリカ大陸では、旧世界ザルへと変化した。

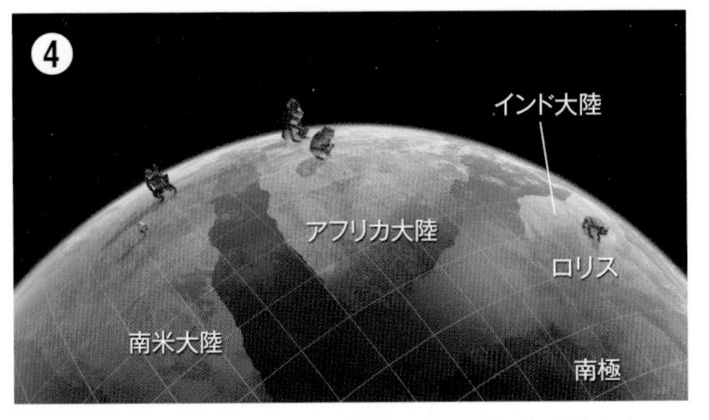

▲南極大陸から分離したインド大陸では、ロリスに変化した。こうして大陸の分裂によって、生物は各大陸上でそれぞれ独自の進化を遂げ、多様な進化を遂げた。

霊長類の大雑把な系統樹によると、霊長類は6300万年ほど前に直鼻猿類と曲鼻猿類に分岐したと考えられている。ゴンドワナ大陸が分裂し、南米大陸とアフリカ大陸、インド大陸などに分かれると、直鼻猿類は、それぞれの大陸上で孤立進化していった（図①）。南米大陸では、霊長類の祖先は新世界ザルへと進化し（図②）、アフリカ大陸では旧世界ザルへと進化した（図③）。そしてインド大陸では「ロリス」に進化した（図④）。

インド大陸が約5000万年前にアジア大陸と衝突すると、霊長類の間の種の交雑が起き、冠進化を招いた。さらに2000万年前頃にアフリカがヨーロッパと再び結合しアルプス山脈が形成されると、イベリア半島づたいに動物が移動できるようになり、冠進化が進行した。

そして、2000万年前頃になると、類人猿であるホミノイドと呼ばれるグループが出現した。いよいよ、ヒトへの進化の始まりである。

霊長類の移動ルート

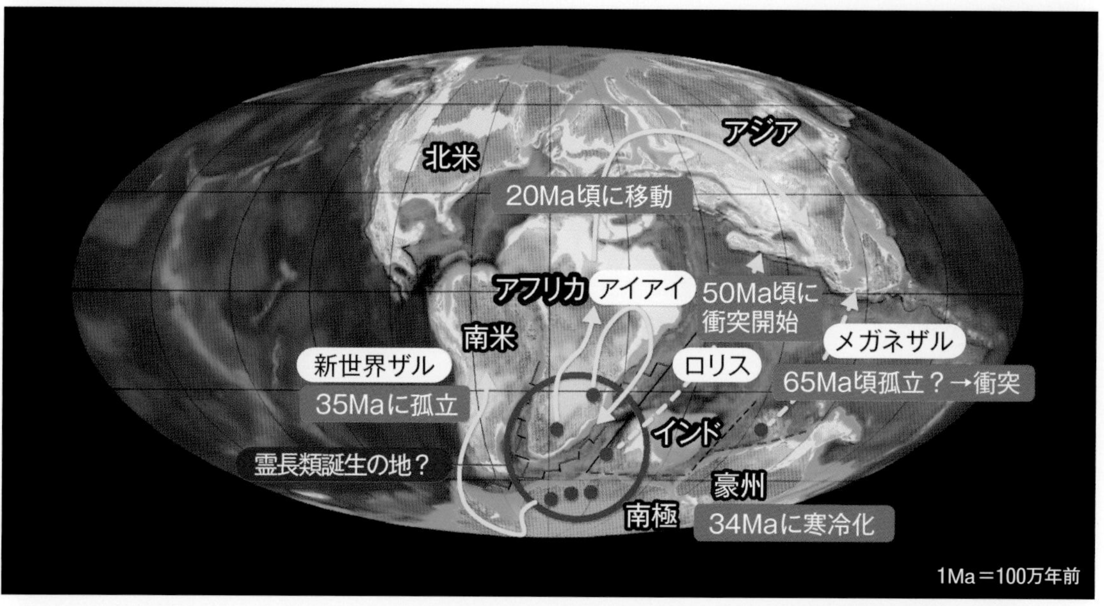

（大陸古地図は、Ron Blakely、Colorado Plateau Geosystems、Arizona USA. による）

霊長類の分類

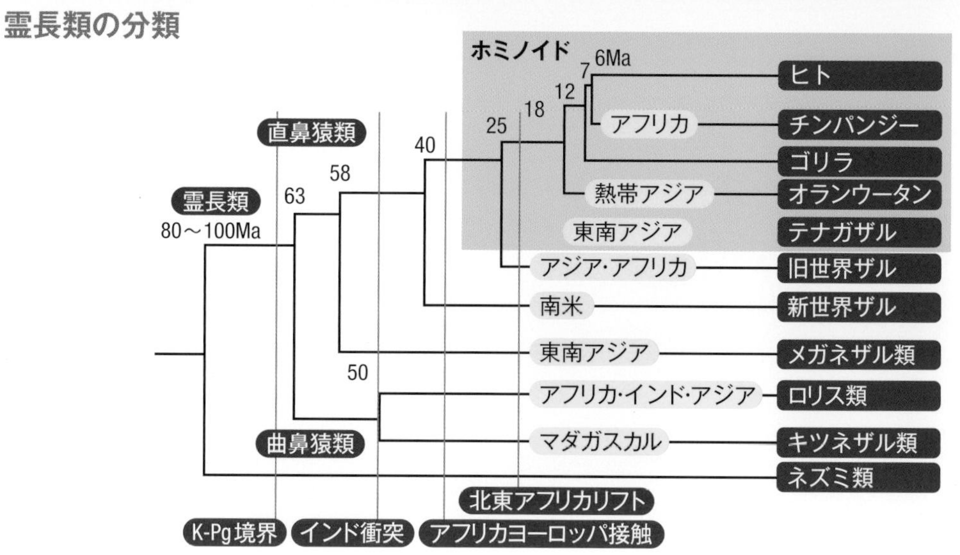

「地球史を読み解く（放送大学教育出版会）」を改変

■大規模マントルプルームの上昇が招く陸地面積の減少

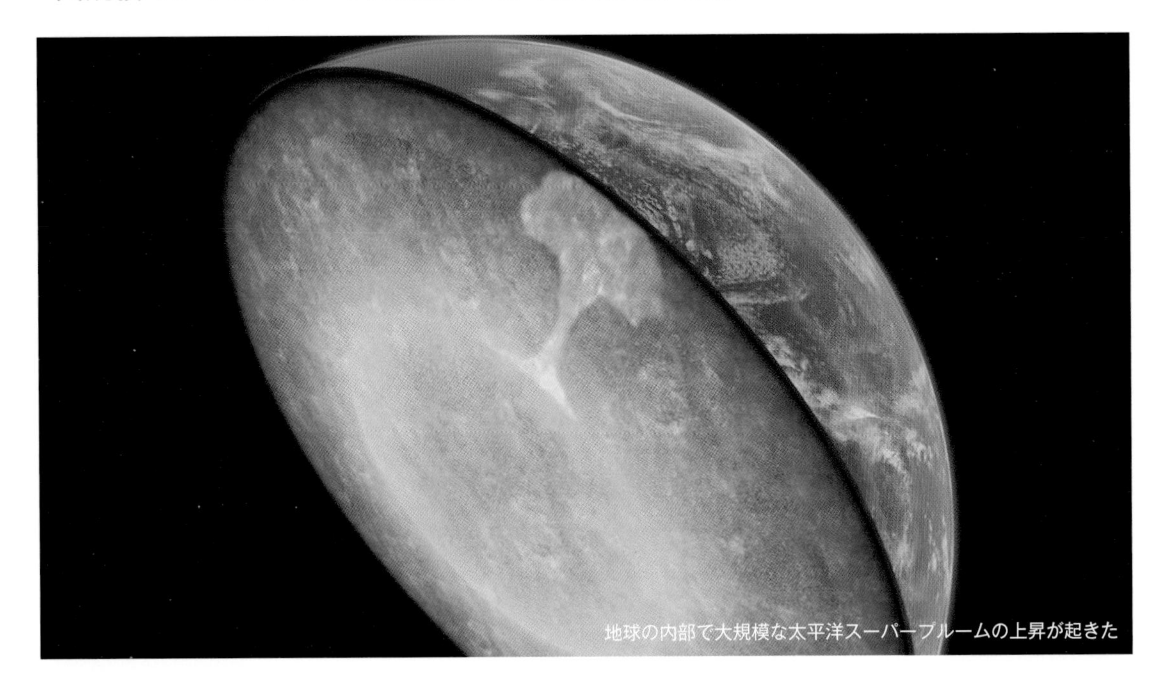
地球の内部で大規模な太平洋スーパープルームの上昇が起きた

太平洋スーパープルームの活発な活動によって，海洋地域の固体地球が膨張し、海水準が上昇する。その結果、陸の低地は水没するため、陸地面積は減少した。

■海水準の上昇が生物の多様性を生んだ

▲海水準の上昇により陸地が分断されたことによって、それぞれの環境に適応した孤立進化が促される。

■大陸内部の孤立進化—哺乳類の場合—

大陸分裂によって各大陸が孤立すると、それぞれの大陸上で哺乳類(ほにゅうるい)の固有の進化が進んだ。その結果、ローラシア獣類, 南米獣類, アフリカ獣類という生物群が誕生した。これ以外にも、マダガスカル島にはアイアイの祖先である固有種が生息し、オーストラリアには有袋類が繁栄していた。

固有種が各大陸で進化する環境要因は、大陸の分裂で説明できる。まず、大陸分裂時には、リフトで噴出するHiR(ハイアール)マグマの活動によって、茎進化が起こり、種の分化が起こる。これが進化のホットスポットである。その後、大陸分裂によって個別の大陸に分かれると、これらの種が隔離・孤立する。そしてそれぞれの大陸上で、全地球的な気候変動や、大陸移動によってもたらされる大陸内部の気候変化にさらされる。このような表層環境の変化を通して、それぞれの大陸内で起こる適応進化によって、大陸や小大陸の固有種が進化していく。

ローラシア獣類:ヒト、ツバイ、ウマ、ウシ、イヌ、ネコ、パンダ、クジラなど
アフリカ獣類:ゾウ、ジュゴン、キンモグラなど
南米獣類:ナマケモノ、アリクイ、アルマジロなど

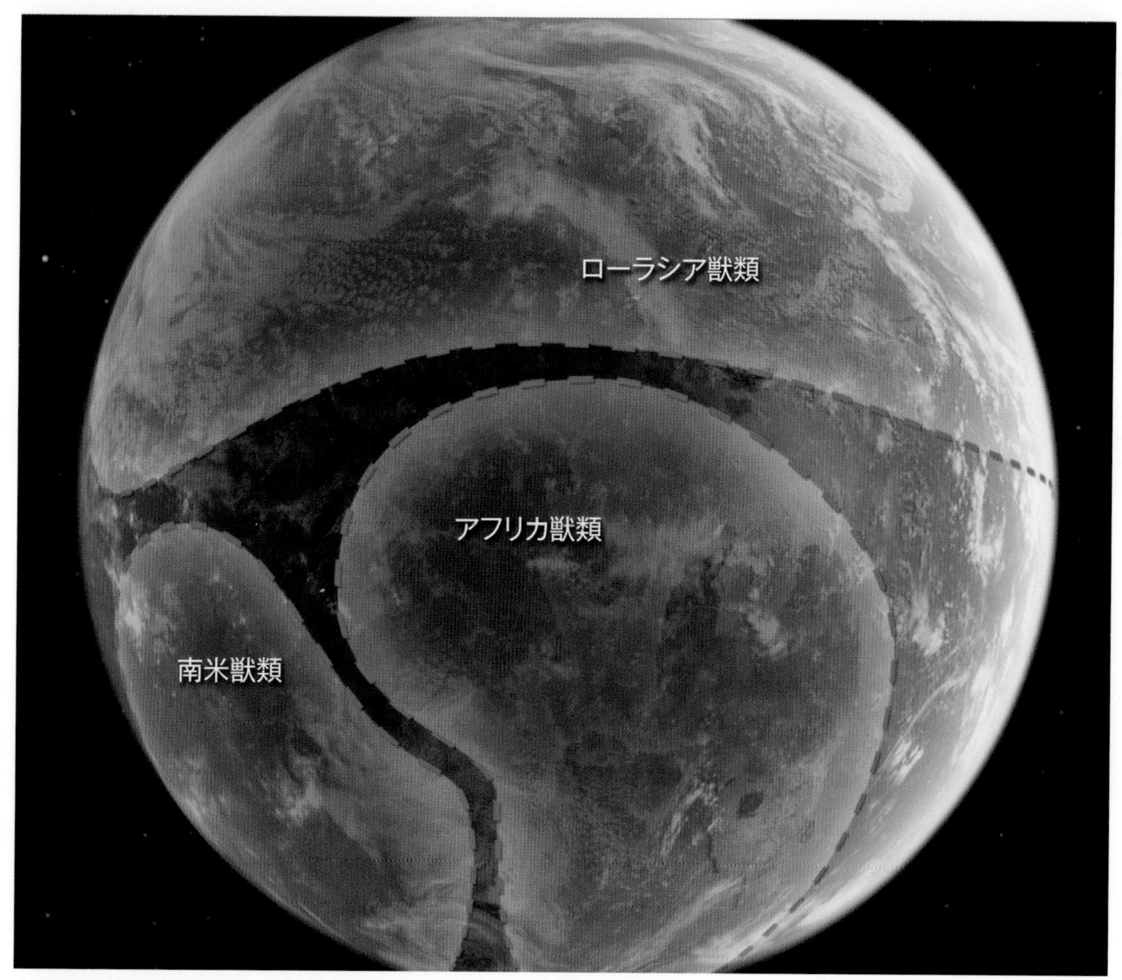

▲大陸の分断による隔離によって、哺乳類は大陸固有のグループに進化していった。

■白亜紀末期の太陽系と暗黒星雲との衝突

白亜紀の末期、再び太陽系と暗黒星雲の衝突が起きた。その結果、地球は再び雲に覆われ、寒冷化が進み、生態系は大きな打撃を受けることとなった。

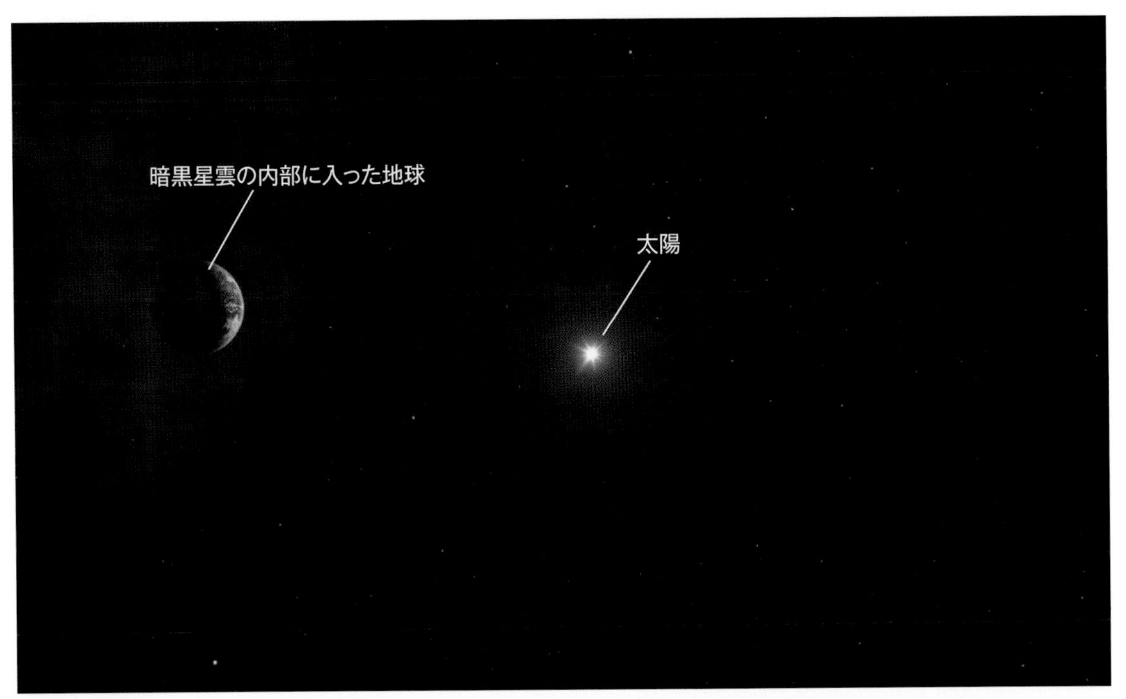

▲宇宙空間で起こる事象により地球環境は激変してきた。そしてまたもや、太陽系は暗黒星雲と衝突、地球は雲に覆われた。

▲その結果、寒冷化が進み、生態系は大きな打撃を受けた。

■地球を襲った巨大隕石

約6600万年前、巨大隕石（いんせき）が、現在のユカタン半島の北部に衝突した。それまでにも地球は何度か巨大隕石に見舞われていたが、このときの隕石は直径10〜15㎞ほどもあり、そのときできたクレーターは顕生代（けんせいだい）（5億4100万年前以降）に形成されたことが確認されるものとしては最大級のものだった。その痕跡（こんせき）は、直径約160㎞のチクシュルーブ・クレーターとして、今も残っている。

▲地球に向かう巨大隕石。

▲現在のユカタン半島の場所に、巨大隕石が衝突した。

■恐竜の滅亡

約6600万年前の恐竜の大絶滅は、イリジウムに富む地層の汎世界的な分布と、チクシュルーブクレーターの発見から、隕石（いんせき）衝突により引き起こされたと考えられている。しかし、恐竜の絶滅は6600万年前以前からすでに進行していて、１個の隕石の衝突による瞬時の絶滅現象でないことは、古生物学者たちによって以前から指摘されてきた。

実は、深海堆積物中に残されたイリジウム濃度は、隕石衝突時だけでなく、それに800万年先行して有意に高い値を示しているということが観察結果として得られている。恐竜の種の数は、隕石衝突の前から減少し始めていた。その流れに、最後のとどめをさしたのが隕石衝突だったのである。

イリジウム濃度が隕石衝突以前から高い値であったことの原因は、暗黒星雲との衝突でうまく説明できる。暗黒星雲との衝突によって、地球では急激な寒冷化と光合成植物の活動低下が起きたはずである。こうした環境変動が恐竜大絶滅の根本的な原因なのである。

▲これが最終的に恐竜を絶滅させたのだ。

▲恐竜たちは環境の激変に耐えられなかった。

■宇宙と生命の深いつながり

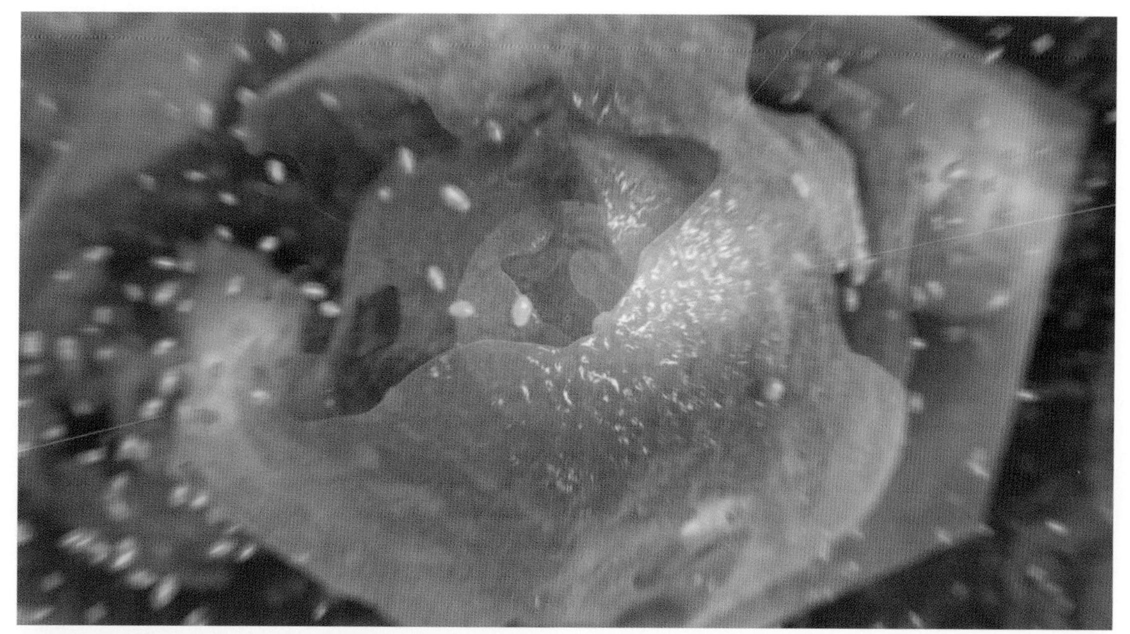

▲降り注ぐ宇宙線は生物のゲノムにも影響を与える。

▲生物のDNAの構造。

▲大量に降り注ぐ宇宙線により、DNAの突然変異が引き起こされる。

こうして繰り返される大量絶滅は、宇宙と私たちが深いつながりを持っていることを再三伝えている。

それは寒冷化や大量絶滅を引き起こすだけではない、宇宙線は生命を形づくるDNAにも直接作用し、突然変異を引き起こすことによって進化を促すのである。

▲地球生態系は、厚い氷床に覆われ、栄華を誇った恐竜は絶滅した。

Chapter 11 人類代～
人類誕生と文明の構築

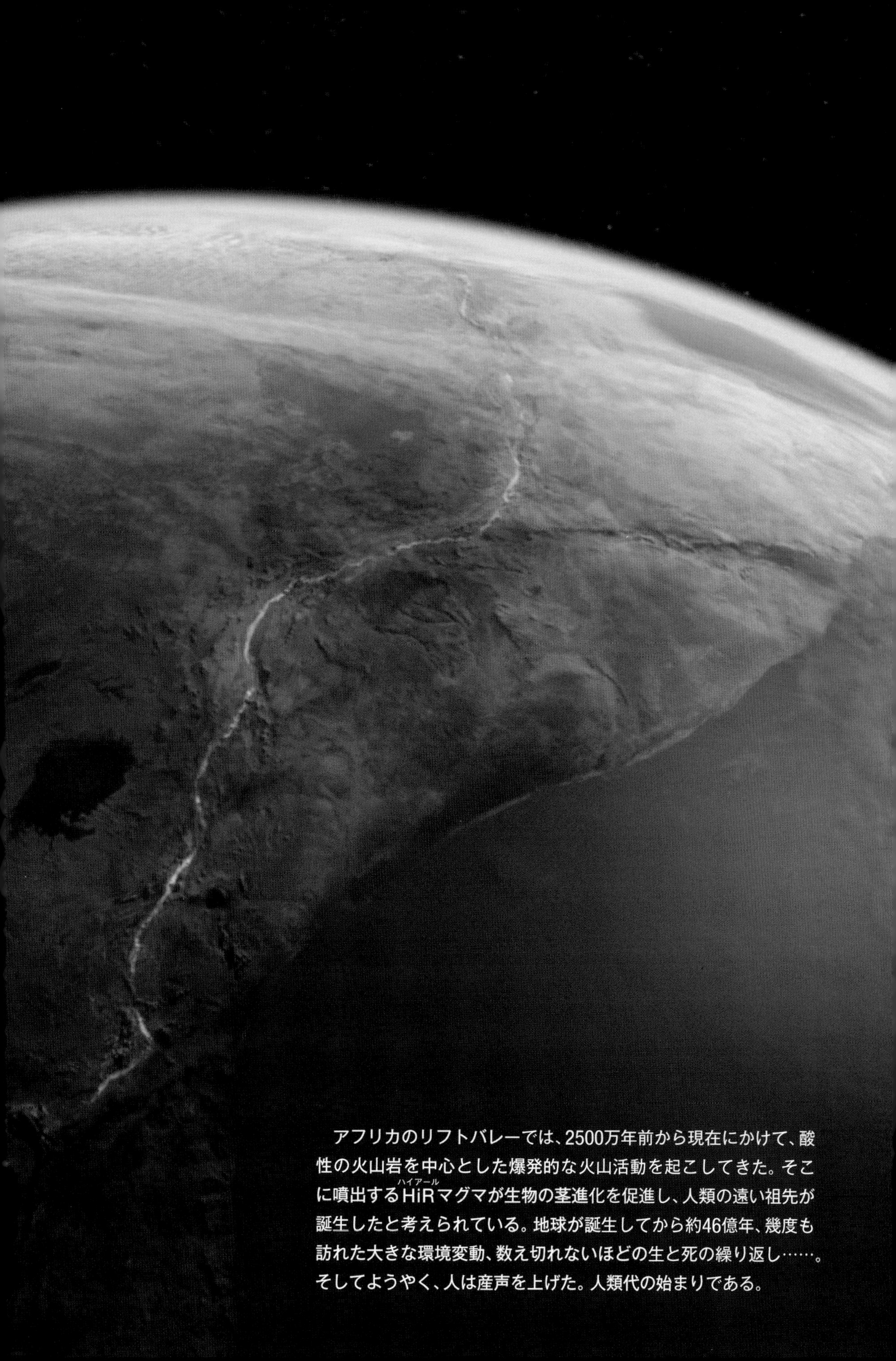

アフリカのリフトバレーでは、2500万年前から現在にかけて、酸性の火山岩を中心とした爆発的な火山活動を起こしてきた。そこに噴出するHiR（ハイアール）マグマが生物の茎進化を促進し、人類の遠い祖先が誕生したと考えられている。地球が誕生してから約46億年、幾度も訪れた大きな環境変動、数え切れないほどの生と死の繰り返し……。そしてようやく、人は産声を上げた。人類代の始まりである。

■霊長類の進化

アフリカのリフトバレーで噴火を繰り返す火山

中新世以降、アフリカのリフトバレーのところどころでは、放射性元素を多く含むHiR（ハイアール）マグマが火山活動によって間欠的に噴出していた。HiRマグマが放つ放射線が、突然変異を誘発し、旧世界ザルから新種のサルが誕生した。

旧世界ザルから新種ザルが誕生した

人類は、生物学的には霊長類の一種だが、科学を発明し、文明を構築した。そして科学技術の発展とともに宇宙へと進出しようとしている。そのため、人類は、第四の生物とも呼ばれる。

こうした人類の活動は、顕生代（けんせいだい）において出現したどの動物とも異なる次元のものである。そこで、ヒトの誕生をもって“人類代”と呼ぶ、という提案がなされている。

■人類の誕生

第四の生物「人類」の登場

ヒトと他の霊長類を分けた原因は、HAR（Human accelerated region）と呼ばれるゲノムの中の遺伝子領域に残されている。これによってヒトは脳を巨大化させて言語能力を手に入れ、思考・意識・記憶・創造性等を会得していった。

▲やがて彼らは、火を使い、道具をつくる能力も身につけていった。

巨大化していった人間の脳

人間の脳の容積は下のグラフに示すように、400ccから800ccへ、900ccから1000cc超へ、そして1400ccから1600cc超へ3回にわたって、段階的に巨大化している。

そのタイミングで大規模なHiR（ハイアール）マグマの噴火が起こっていることから、脳の巨大化は茎進化の結果であることを示している。

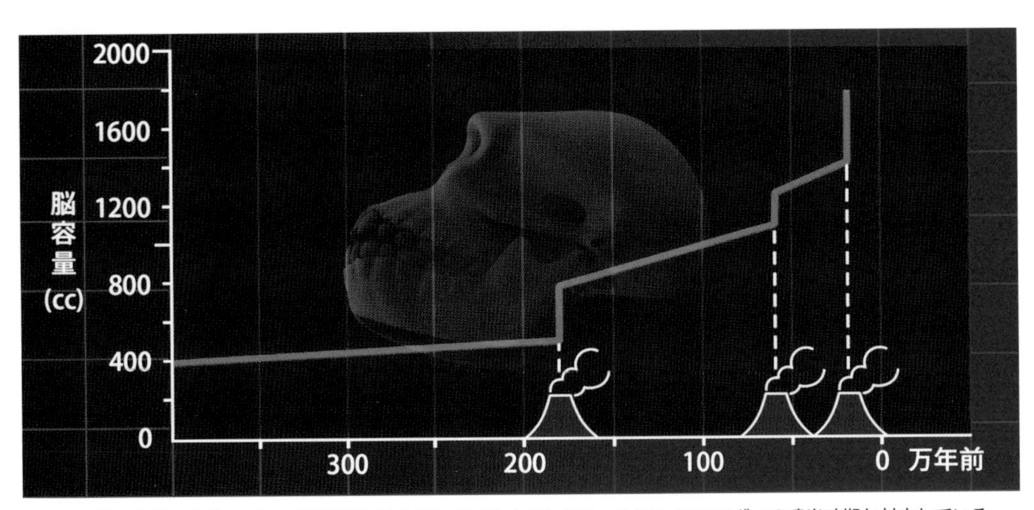

▲人間の脳の容積は3回にわたって段階的に巨大化しているのがわかる。それは、HiRマグマの噴出時期と対応している。

16万± 4000年前に登場した初期人類「ミトコンドリアイブ」

約120万年前から断続的にヒトは他の地域へ進出していった。その中でも、特に約16万±4000年前に脱アフリカに成功した人類を「ミトコンドリアイブ」と呼ぶ。

我々(現生人類)に直接つながる初期人類の登場である

ミトコンドリアイブについての論文が科学雑誌「ネイチャー」に発表されたのは、1987年のことである。

カリフォルニア大学バークレー校のレベッカ・キャンとアラン・ウィルソンのグループは、多くの民族を含む147人のミトコンドリアDNAの塩基配列を解析して系統樹を作成し、「人類の系図は、アフリカ人のみからなる枝と、アフリカ人の一部とその他すべての人種からなる枝に分けられる」とした。

それは、全人類に共通の祖先のうちの1人がアフリカにいたことを意味している。このように論理的に明らかにされた、現生人類につながる「共通女系祖先」に対して名づけられた名称が「ミトコンドリアイブ」だった。

このミトコンドリアイブに関しては、しばしば「すべての人類は1人の女性から始まった」とされるが、それは誤解である。「現存するすべての人類の母方の家系をたどると、約16万±4000年前に生きていた、あるミトコンドリアの型を持つ女性にたどりつく」というのが正しい意味である。

■世界中へ拡散した人類

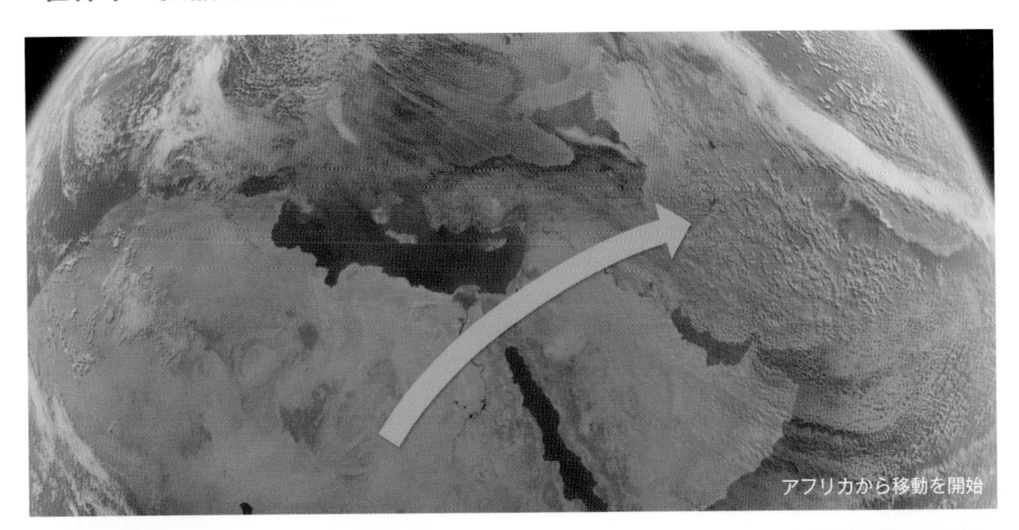
アフリカから移動を開始

1万5000年前、北米や中米へ進出

1万年前には南米大陸の南端まで達した

人類は1万5000年前には北米や中米に進出し、1万年前には南米大陸の南端まで達し、全世界へ広がっていった。そして人類文明の画期的な進歩が始まる。

COLUMN

人類進化の歴史

人類最古の化石といわれているのが、約700万年前のサヘラントロプス・チャデンシスの化石である。彼らは約600万年前までアフリカ中部に生息していたと考えられているが、私たち現生人類を含むホモ・サピエンスが登場するまでには、下図に示すように、様々な人類猿が登場して、共存していたことがわかってきた。

例えば、ホモ・サピエンスとホモ・ネアンデルターレンシス、ホモ・フロレシエンシス、ホモ・ハイデルベルゲンシス、ホモ・エレクトスは、発見された化石の年代を調べた結果、ほぼ同じ時期に、異なる場所で生きていたことが明らかにされている。

また、遺伝子の解析により、ホモ・サピエンスのゲノムに、ホモ・ネアンデルターレンシスの遺伝子も数%ほど混入していることも判明している。

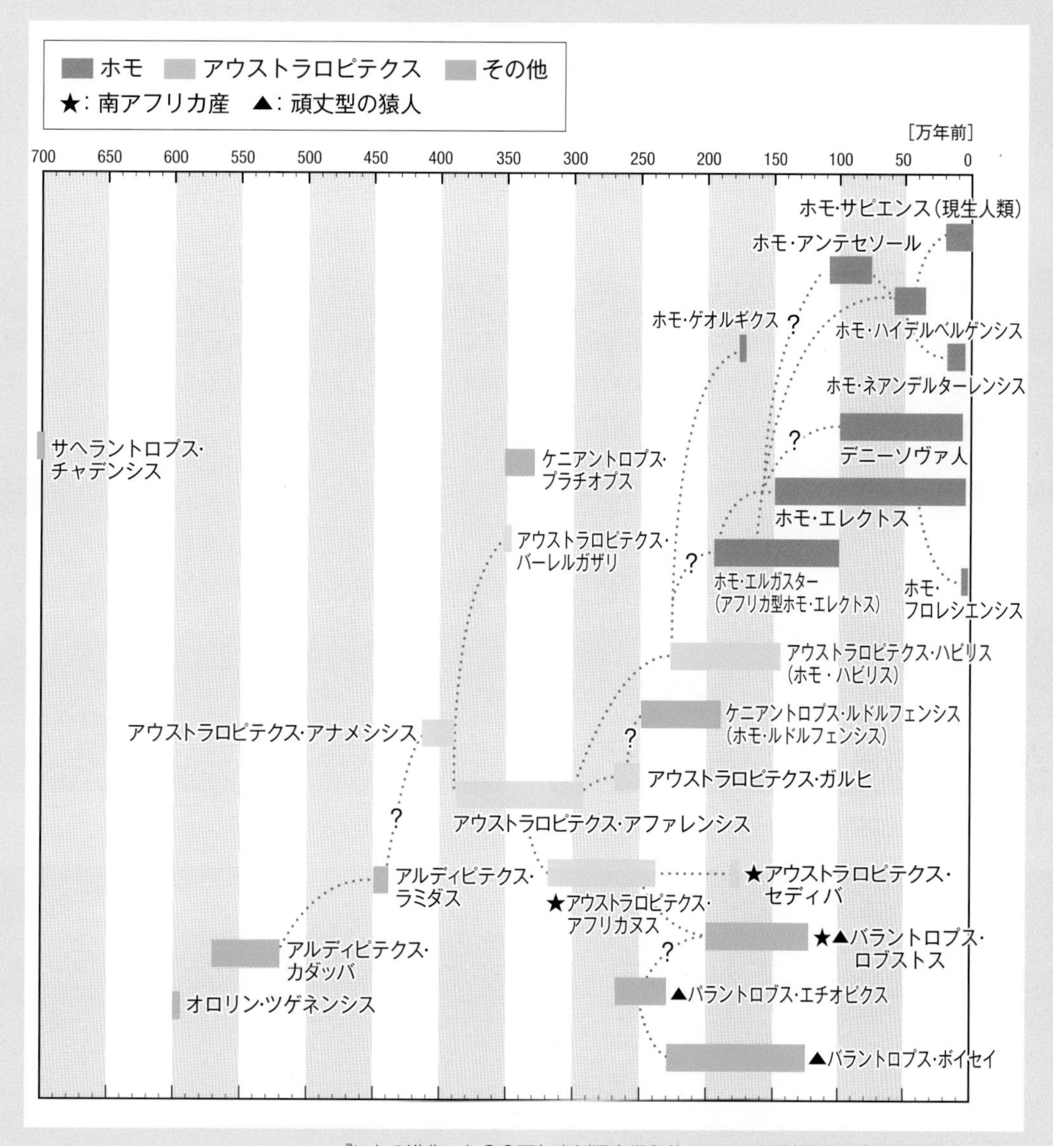

『ヒトの進化　七〇〇万年史』（河合信和著　ちくま新書）掲載の「人類系統樹」を改変

■1万年前に起きた「農業牧畜革命」

▲巨大河川沿いに始まった農業。

食糧の調達をもっぱら狩猟採集に頼っていた人類は、農業と牧畜を発明し、新たな時代が始まった。

牧畜が始まったのは、紀元前1万1000年頃のメソポタミアで、ブタやヒツジの飼育が始まったとされている。紀元前9500年頃になると、農業が始まり、紀元前8500年頃には現代の家畜牛の祖先であるオーロックスの飼育が始まった。

こうして人類は、安定した食糧供給を実現した結果、人口は桁違(けたちが)いに増加し始めたのである。

■5000年前の「都市革命」

5000年前には様々な職業分化が起き、生産物の持ち主が物々交換を始めた。これを効率よく行うために都市が出現する。こうして貨幣や経済、さらに法律、裁判、警察などの機構を備えた小国家が出現、農業生産性に最も恵まれた世界の巨大河川に四大文明が誕生していった。

▲四大文明① エジプト文明。

▲四大文明② メソポタミア文明。

▲四大文明③ インダス文明。

▲四大文明④ 黄河文明。

■2400年前の「宗教・哲学革命」

近代民主主義国家を形成していくヨーロッパ大陸

各地域で人口が爆発的に増加すると、小国家の間で抗争が繰り返し起こり、その領土は変遷を繰り返し、貧富の差も拡大した。これを回避するために、世襲制の王族支配から宗教が人々を支配するようになる。

そして、国民はリーダーを選挙で選ぶようになった。近代民主主義国家の成立である。これによって、"自由平等で、基本的人権が保障された社会形態"が生まれることとなった。

■300年前の「産業革命」

イギリスを中心に産業革命が始まった。1687年にはニュートンの著書『プリンキピア』(自然哲学の数学的諸原理)が発表され、基礎科学に基づいて発明された医学・薬学・農学・工学の技術が、人間社会に革命的な変化をもたらした。

例えば、蒸気機関車の発明によって、鉄道による人や物資の輸送が行われるようになる。さらに、車や飛行機が発明され、人は全世界を簡単に移動できるようになり、経済の規模は桁違いに大きくなった。人類社会は、空前の豊かな時代に突入したのだ。

◀産業革命はイギリスから始まった。

世界中を結ぶ交通網

投下された原子爆弾

しかし絶え間なく戦争が起こる。人が科学により会得した知見は、兵器の開発に利用され、時に取り返しのつかない惨劇を起こした。例えば、原子爆弾の開発と投下は、その最たる出来事だった。

だが、人類はその不幸を乗り越え、より平和な世界の構築に向けて努力を続けている。

■現代の「情報革命」

コンピュータの発明は、アポロ計画に象徴される人類の宇宙への進出を可能にした。21世紀に入ると、インターネットによって、世界が一瞬にしてつながる新時代が訪れ、ヒト、モノ、情報が国境を越えて行き交うようになり、経済もグローバル化した。

こうして世界は、戦争による過去の悔恨から「世界統一国家」の誕生が具体性を帯びる時代となった。

1993年、最も高い頻度で戦争が繰り返し行われたヨーロッパで連合国家EUが誕生、他地域でも連合国家が生まれ、「世界統一国家」へと向かいつつある。

地球史における人類代の時間はとても短い。しかしそれが地球史に占める我々、人類の歩みなのだ。

人類は、形態学的には動物の中の一種族にすぎない。しかし、他の生き物とは質的に異なる"意識"を持った生物である。その私たちがつくる未来には、何が待っているのだろうか…。

現在の地球

Chapter 12 地球の未来

人類社会が利用している資源は、46億年という地球の歴史の中で蓄えられたものである。
私たちはそれを今、猛烈な勢いで消費しつつある。化石燃料は2020年を境に急激に減少、2100年頃までに枯渇すると予測されていた。しかしシェールガス革命により、少なくとも100年は先延ばしされるだろう。その一方で、医学の充実と栄養価の高い食糧の摂取により、世界人口は爆発的に増加している。
それによって2020年頃から深刻な食糧不足となり、「30億人難民時代」が始まる。そして人口は2050年に100億人というピークを迎え、その後は、2100年までに50億人にまで減少すると予測されている。

■人類社会の課題

人口は、2050年までに今より30億人も増加し、莫大（ばくだい）な数の国際難民を生み出すとともに、食糧増産を妨げる異常気象や寒冷化、環境汚染など、地球規模の課題が不安を増大させ、人類史上最大の苦難の時代となるだろう。

▲人口増加と化石燃料の枯渇。

▲現代の地球環境問題の本質は、大気・海洋の化学汚染問題である。

■人類の未来

科学の世界では、超革新的な技術が加速度的に発展してゆく。月面に宇宙基地がつくられ、人類は太陽系諸惑星に進出する準備を進める。AIロボットが人類の活動を補佐する形で宇宙探査に関与、いずれ自己複製可能なロボットが出現して、人類の限界を超えて進化する。そして、それらの人工生命体が、銀河へと進出していく。

月面につくられた基地が宇宙探査の拠点となる

さらに、いずれは異次元世界への移動を可能にする技術が生まれ、時空を超えた世界の認識が可能になるに違いない。そして、生物としての人類の役割は終焉（しゅうえん）を迎えることになるだろう。人類代の終わりである。

しかし、その頃には、人工生命体が時空を超えて銀河へと進出しているだろう。

それは生命進化の戦略として必然の結果なのかもしれない。なぜなら地球の未来には、今まで以上の大変動が待っているからだ。

人類が銀河に進出していくイメージ

■2億年後　アメイジア超大陸の形成

2億年後、アジアを中心に、アフリカ大陸、アメリカ大陸、オーストラリア大陸などの大陸が集まり、ひとつの大陸となっていく。超大陸アメイジアの誕生である。それに伴い、太平洋は消滅し、そこに大山脈が出現すると考えられている。

▲すべての大陸がアジアに集まっていく。

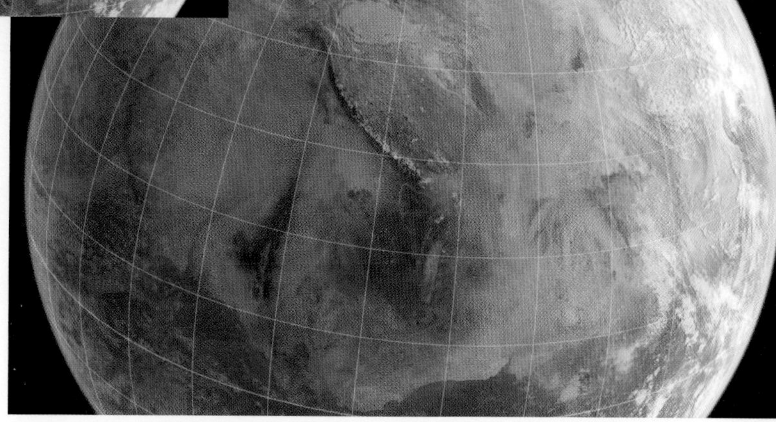

▲そして、アメイジア超大陸が形成される。

■4億年後　C4植物の死滅

植物は大気中のCO_2を消費し、自らの体に炭素を取り込んでいる。そしてその炭素とともに地中に埋没するので、大気中のCO_2を減少させる働きを持っている。

その植物の中でも光合成能率の高い特有の反応経路を持っているのが、サトウキビ・トウモロコシなどを代表とするC4植物だ。

2億年後の超大陸アメイジアの出現により、大陸の面積が増加した結果、より多くの植物が大気中のCO_2を地中に埋没させるようになり、CO_2濃度は現在の10分の1に減少するが、C4植物はその環境に対応できず、死滅していくと考えられている。そしてそれらを食糧としている生物にも影響が及んでいく。

▲より多くの植物が大気中の二酸化炭素を地中に埋没させるようになる。

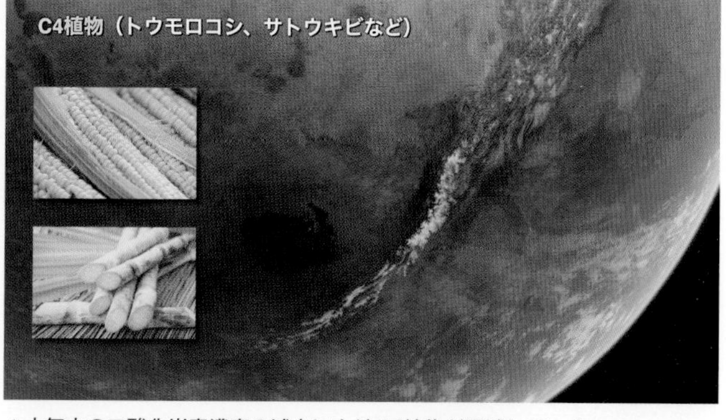

▲大気中の二酸化炭素濃度の減少によりC4植物が死滅していく。

■10億年後　プレートテクトニクスの停止

6億年前から海水はマントル内に取り込まれ、減少を続けてきた。これによって10億年後には海嶺が海上に姿を現す。

その結果、潤滑剤である水分が取り込めなくなり、プレートテクトニクスが停止する。これは冷却していく惑星の必然的現象である。そして沈み込み帯では火山活動が停止し、隆起しなくなった大地は、侵食作用によって激しい地形の改変を受けることになる。

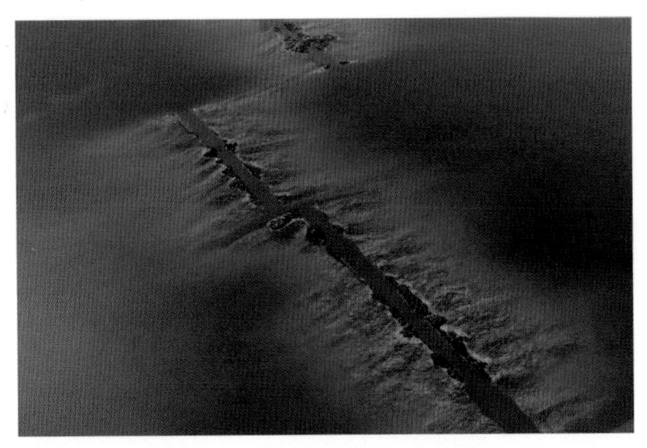

▲水漏れ地球現象によって海嶺が海上に姿を現す。

▲海嶺で含水鉱物が形成されなくなると、プレートテクトニクスが停止する。

プレートテクトニクスの停止により、低温のプレートが核に落下しなくなると、外核の冷却力が低下して地球磁場が消滅する。

◀プレートテクトニクスが停止すると、造山運動が起きなくなり、大地は風化・侵食される一方になる。

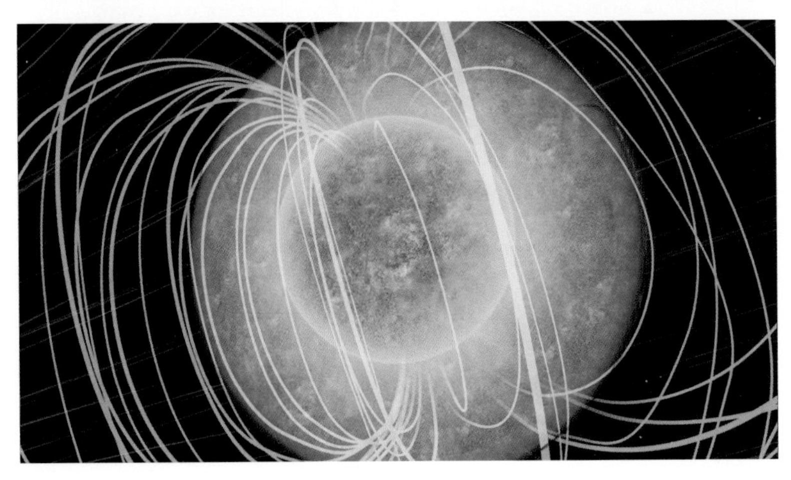

◀プレートテクトニクスの停止に伴い、地球の磁場も消失していく。

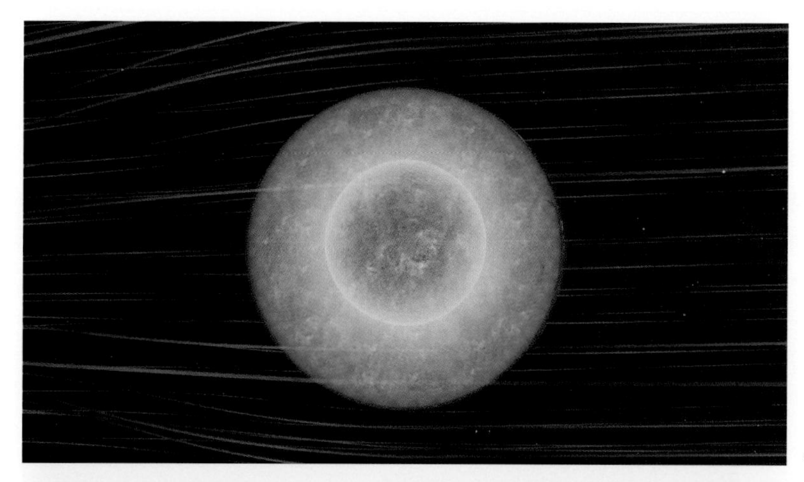

太陽風にさらされた地球は、その大気を太陽風に剥ぎ取られ、海洋成分は宇宙へと散逸していく。この時点までに地表に生息する大型多細胞生物は絶滅する。

◀磁場が消失し、無防備になった地球。

◀そして地球は太陽風にさらされる。

■15億年後　海洋の消失

地表に生息していた大型生物が絶滅したあとも、海洋ではかろうじて生物が生き延びていた。しかし、プレートテクトニクスの停止とともに急激に海洋が減少し、消失してしまうと、それらの生物もすべて死滅する。地球生命の絶滅である。

また、太陽が膨張するにつれ、地球は現在の金星のように、表面温度が500℃に達するようになっていく。

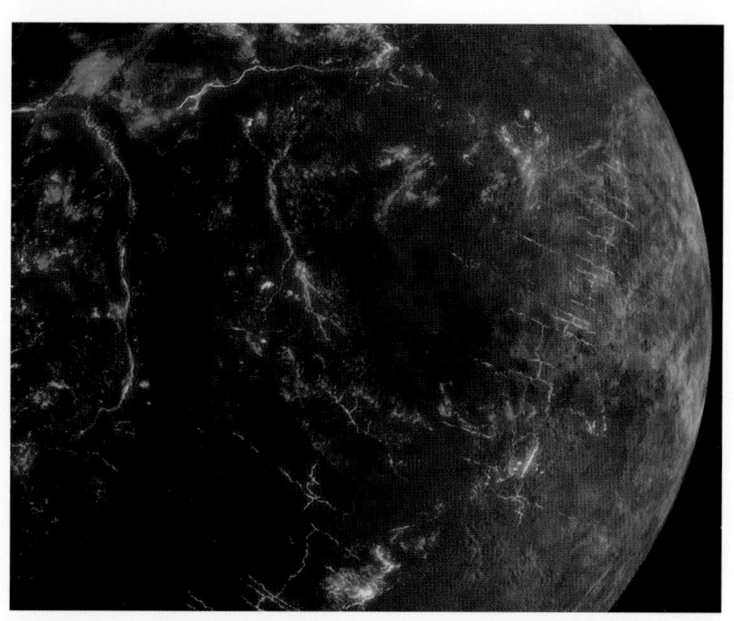

▲海洋が消失し、地球の表面温度は500℃に達する。

■45億年後　天の川銀河とアンドロメダ銀河の衝突

45億年後、アンドロメダ銀河が私たちの天の川銀河に衝突する。これによって恒星誕生の頻度が上昇し、それらがやがて超新星爆発を起こすことによって、地球には強力な宇宙線が大量に降り注ぐことになる。

アンドロメダ銀河と衝突する天の川銀河

■80億年後　地球の消失

ついに地球が膨張する太陽に飲み込まれる日がやってくる。私たちを育んだ地球が、宇宙から消える日である。しかし、地球で生まれた生命は形を変え、すでに他の銀河にまで進出していることだろう……。

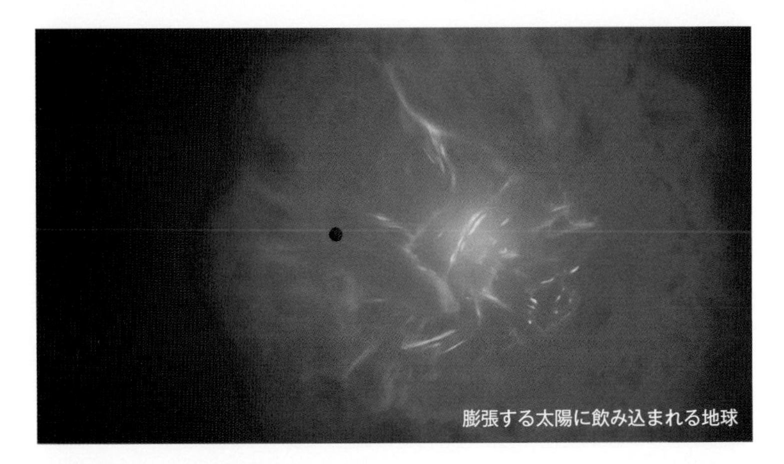
膨張する太陽に飲み込まれる地球

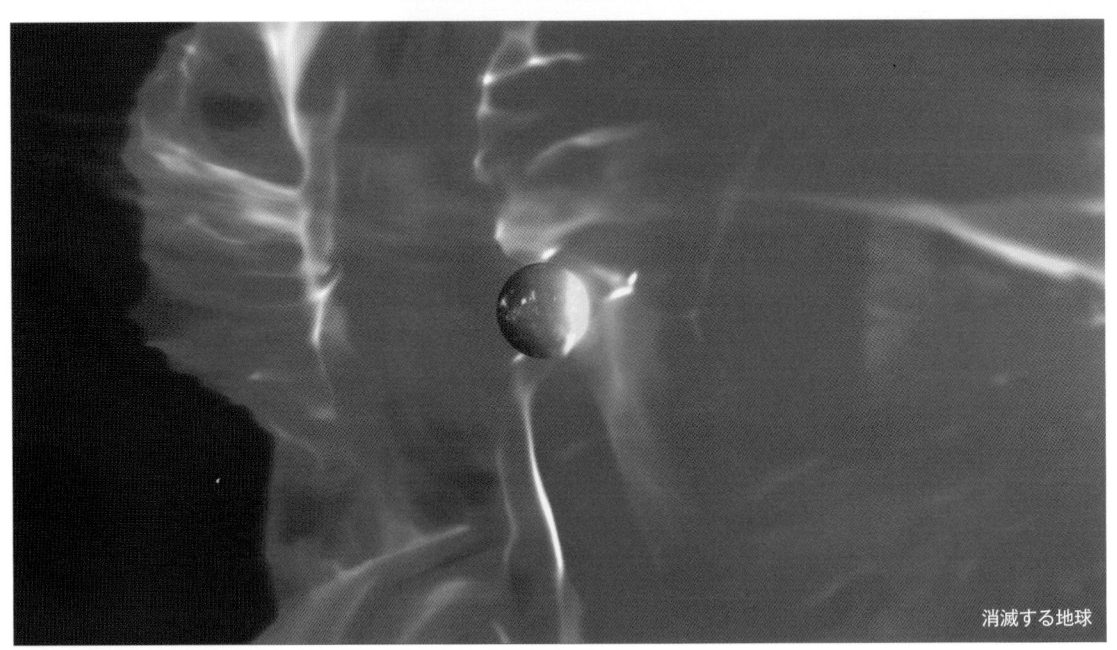
消滅する地球

人類は、その形を変えながら広く宇宙に進出していくだろう

COLUMN 宇宙に生命はいるか

「宇宙に生物はいるだろうか」という問いかけに対して、最近の多くの惑星科学研究者は「いると思う」と答える。彼らの根拠は、銀河系の恒星の数が極めて多いことにある。我々の銀河系の中には1000億の太陽がある。すると、少なくともその数十倍の惑星が存在していると推定できる。太陽系には地球のような生命惑星がひとつは存在するのだから、銀河系の1000億個の恒星の持つ惑星の中には生命惑星がひとつくらい誕生していても確率論的に正しいだろうというのが彼らの考えである。

しかし、生命が誕生するための条件を考えてみよう。生命誕生場では少なくとも9つの条件が満たされる必要がある(P43参照)。そして、そのような生命誕生場を持つ惑星になるための惑星条件は少なくとも20個もあることが導かれている(例えば、円軌道を持つ、衛星を持つ、自転軸が傾斜している、惑星が二段階で生まれる[ABEL(エイベル)モデル]など)。

しかし、それらの条件をすべてクリアするためには偶然的確率があまりにも大きい。例えば月のように非常に大きな衛星をつくるためには、絶妙な角度で天体衝突が起こる必要があるが、衝突の角度は偶然によるものである。また、地球に与えられた海が平均深度約4kmだったということも、奇跡的である。

これらの偶然を考えると、生命誕生に至る条件をすべてクリアすることは、いくつもの付帯条件も重なっておりとても難しいといえる。もしかすると、銀河系の中で文明を持つ惑星は、実は、我々の地球、ただひとつなのかもしれない。

国際年代層序表

INTERNATIONAL CHRONOSTRATIGRAPHIC CHART

（累）界/代	界/代	系/紀	統/世		階/期	GSSP	年代/百万年前
							現在
顕生（累）界/代	新生界/代	第四系/紀	完新統/世	上部/後期	メーガーラヤン	✓	0.0042
				中期	ノースグリッピアン	✓	0.0082
				下部/前期	グリーンランディアン	✓	0.0117
			更新統/世	上部/後期	上部/後期		0.129
				中部/中期	チバニアン	✓	0.774
				下部/前期	カラブリアン	✓	1.80
					ジェラシアン	✓	2.58
		新第三系/紀	鮮新統/世		ピアセンジアン	✓	3.600
					ザンクリアン	✓	5.333
			中新統/世		メッシニアン	✓	7.246
					トートニアン	✓	11.63
					サーラバリアン	✓	13.82
					ランギアン		15.97
					バーディガリアン		20.44
					アキタニアン	✓	23.03
		古第三系/紀	漸新統/世		チャッティアン	✓	27.82
					ルペリアン	✓	33.9
			始新統/世		プリアボニアン		37.8
					バートニアン		41.2
					ルテシアン	✓	47.8
					ヤプレシアン	✓	56.0
			暁新統/世		サネティアン	✓	59.2
					セランディアン	✓	61.6
					ダニアン	✓	66.0
	中生界/代	白亜系/紀	上部/後期		マーストリヒチアン	✓	72.1 ±0.2
					カンパニアン		83.6 ±0.2
					サントニアン	✓	86.3 ±0.5
					コニアシアン		89.8 ±0.3
					チューロニアン	✓	93.9
					セノマニアン	✓	100.5
			下部/前期		アルビアン	✓	~ 113.0
					アプチアン		~ 125.0
					バレミアン		~ 129.4
					オーテリビアン	✓	~ 132.9
					バランギニアン		~ 139.8
					ベリアシアン		~ 145.0

（累）界/代	界/代	系/紀		統/世	階/期	GSSP	年代/百万年前
							~ 145.0
顕生（累）界/代	中生界/代	ジュラ系/紀		上部/後期	チトニアン		152.1 ±0.9
					キンメリッジアン		157.3 ±1.0
					オックスフォーディアン		163.5 ±1.0
				中部/中期	カロビアン		166.1 ±1.2
					バトニアン	✓	168.3 ±1.3
					バッジョシアン	✓	170.3 ±1.4
					アーレニアン	✓	174.1 ±1.0
				下部/前期	トアルシアン	✓	182.7 ±0.7
					プリンスバッキアン	✓	190.8 ±1.0
					シネムーリアン	✓	199.3 ±0.3
					ヘッタンギアン	✓	201.3 ±0.2
		三畳系/紀		上部/後期	レーティアン		~ 208.5
					ノーリアン		~ 227
					カーニアン	✓	~ 237
				中部/中期	ラディニアン	✓	~ 242
					アニシアン		247.2
				下部/前期	オレネキアン		251.2
					インドゥアン	✓	251.902 ±0.024
	古生界/代	ペルム系/紀		ローピンジアン	チャンシンジアン	✓	254.14 ±0.07
					ウーチャーピンジアン	✓	259.1 ±0.5
				グアダルピアン	キャピタニアン	✓	265.1 ±0.4
					ウォーディアン	✓	268.8 ±0.5
					ローディアン	✓	272.95 ±0.11
				シスウラリアン	クングーリアン		283.5 ±0.6
					アーティンスキアン		290.1 ±0.26
					サクマーリアン	✓	293.52 ±0.17
					アッセリアン	✓	298.9 ±0.15
		石炭系/紀	ペンシルバニアン亜系/紀	上部/後期	グゼリアン		303.7 ±0.1
					カシモビアン		307.0 ±0.1
				中部/中期	モスコビアン		315.2 ±0.2
				下部/前期	バシキーリアン	✓	323.2 ±0.4
			ミシシッピアン亜系/紀	上部/後期	サープコビアン		330.9 ±0.2
				中部/中期	ビゼーアン	✓	346.7 ±0.4
				下部/前期	トルネーシアン	✓	358.9 ±0.4

www.stratigraphy.org

国際層序委員会
International Commission on Stratigraphy

(累)界／代	界／代	系／紀	統／世	階／期	GSSP	年代／百万年前
						358.9 ±0.4
顕生(累)界／代	古生界／代	デボン系／紀	上部／後期	ファメニアン	GSSP	372.2 ±1.6
				フラニアン	GSSP	382.7 ±1.6
			中部／中期	ジベティアン	GSSP	387.7 ±0.8
				アイフェリアン	GSSP	393.3 ±1.2
			下部／前期	エムシアン	GSSP	407.6 ±2.6
				プラギアン	GSSP	410.8 ±2.8
				ロッコヴィアン	GSSP	419.2 ±3.2
		シルル系／紀	プリドリ		GSSP	423.0 ±2.3
			ラドロー	ルドフォーディアン	GSSP	425.6 ±0.9
				ゴースティアン	GSSP	427.4 ±0.5
			ウェンロック	ホメリアン	GSSP	430.5 ±0.7
				シェイウッディアン	GSSP	433.4 ±0.8
			ランドベリ	テリチアン	GSSP	438.5 ±1.1
				アエロニアン	GSSP	440.8 ±1.2
				ラッダニアン	GSSP	443.8 ±1.5
		オルドビス系／紀	上部／後期	ヒルナンシアン	GSSP	445.2 ±1.4
				カティアン	GSSP	453.0 ±0.7
				サンドビアン	GSSP	458.4 ±0.9
			中部／中期	ダーリウィリアン	GSSP	467.3 ±1.1
				ダーピンジアン	GSSP	470.0 ±1.4
			下部／前期	フロイアン	GSSP	477.7 ±1.4
				トレマドキアン	GSSP	485.4 ±1.9
		カンブリア系／紀	フロンギアン	*ステージ 10*		~ 489.5
				ジャンシャニアン	GSSP	~ 494
				ペイビアン	GSSP	~ 497
			ミャオリンギアン	ガズハンジアン	GSSP	~ 500.5
				ドラミアン	GSSP	~ 504.5
				ウリューアン	GSSP	~ 509
			シリーズ 2	*ステージ 4*		~ 514
				ステージ 3		~ 521
			テレニュービアン	*ステージ 2*		~ 529
				フォーチュニアン	GSSP	541.0 ±1.0

累界／累代	(累)界／代	界／代	系／紀	GSSP GSSA	年代／百万年前
					541.0 ±1.0
先カンブリア(累)界／時代	原生(累)界／代	新原生界／代	エディアカラン	GSSP	~ 635
			クライオジェニアン		~ 720
			トニアン	GSSA	1000
		中原生界／代	ステニアン	GSSA	1200
			エクタシアン	GSSA	1400
			カリミアン	GSSA	1600
		古原生界／代	スタテリアン	GSSA	1800
			オロシリアン	GSSA	2050
			リィアキアン	GSSA	2300
			シデリアン	GSSA	2500
	太古(累)界／代(始生(累)界／代)	新太古界／代(新始生界／代)		GSSA	2800
		中太古界／代(中始生界／代)		GSSA	3200
		古太古界／代(古始生界／代)		GSSA	3600
		原太古界／代(原始生界／代)		GSSA	4000
	冥王界／代				~ 4600

この日本語版ISC Chart（2020年版）は，IUGS（国際地質科学連合）の許諾を得て，日本地質学会が作成した.

表の色は，国際地質図委員会（Commission for the Geological Map of the World (www.cgmw.org)の推奨に従う.

CCGM CGMW

図案（オリジナル）: K.M. Cohen, D.A.T. Harper, P.L. Gibbard, J.-X. Fan

引用: Cohen, K.M., Finney, S.C., Gibbard, P.L. & Fan, J.-X. (2013; updated) The ICS International Chronostratigraphic Chart. Episodes 36: 199-204.

URL: http://www.stratigraphy.org/ICSchart/ChronostratChart2020-01.pdf

なお、本表の右最上段においては「エディアカラン」となっていますが、本書本文中では、一般的な「エディアカラ紀」という表記を使用しています。

記号（GSSP）は各地質時代を区切る境界を示すものとして、国際標準模式層断面及び地点（GSSP:Global Boundary Stratotype Section and Point）が定められたことを示す。2020年1月15日、千葉県市原市の地層断面「千葉セクション」が下部-中部更新統境界GSSPに承認され、第四系／紀の階／期の中部／中期が「Chibanian」（チバニアン）と命名された。

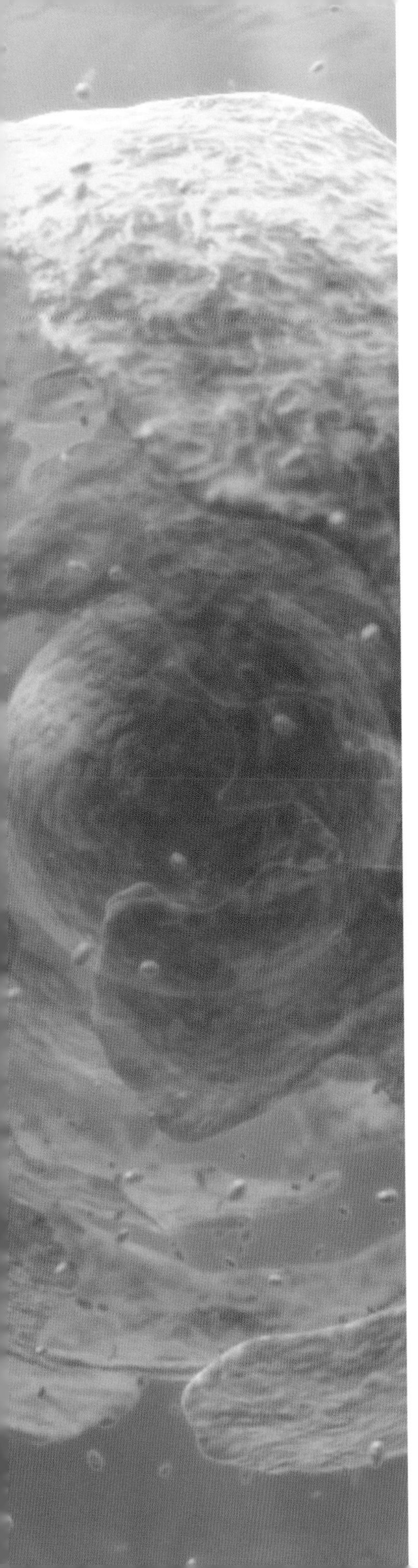

■ 著者 ——— **丸山茂徳**（まるやま しげのり）

東京工業大学地球生命研究所主任研究者。

1949年、徳島県生まれ。名古屋大学大学院博士課程修了。米スタンフォード大学客員研究員。東京大学教養学部助教授、東京工業大学理学部教授、東京工業大学大学院理工学研究科教授などを経て現職。地質学から研究を開始し、日本列島構造発達史、全地球史解読へと研究領域を発展させ、現在は、地球と生命の起源と進化に関する研究を、宇宙からゲノムまでのシステム進化と捉え、超学際融合研究を進めている。2000年米国科学振興協会（AAAS）フェロー選出、2006年紫綬褒章受章。2014年日本人で４人目となる米国地質学会名誉フェローに選出。主な著書に「生命と地球の歴史」（岩波新書　1998）、「ココロにのこる科学のおはなし」（数研出版　2006）、「火星の生命と大地46億年」（講談社　2008）など。

■ 原案 ——— **大塚韶三**

■ 編集・制作協力 —— **服部玲子**（東京工業大学地球生命研究所）

ザ・ライトスタッフオフィス（河野浩一／岸川貴文／駒井秀一）

コトノハ（櫻井健司）

■ デザイン・DTP —— Creative・SANO・Japan（大野鶴子／水馬和華／中丸夏樹）

■ 定価 ——— カバーに表示します。

本書のベースとなった動画『全地球史アトラス』（監修：丸山茂徳、プロデューサー：黒川顕、ディレクター：上坂浩光）は、東京工業大学地球生命研究所の丸山茂徳教授、および情報・システム研究機構 国立遺伝学研究所の黒川顕教授らの研究グループによる「冥王代生命学の創成」（文部科学省科学研究費補助金・新学術領域研究）の成果をもとに制作したものである。なお、本書の図案は基本的に『全地球史アトラス』の映像を中心に構成しているが、転用・転載した図案については、そのつど出典を表記している。図版で表記のないものは、著者が提供・制作したものである。

GEO PEDIA ペディア

最新 地球と生命の誕生と進化

［全地球史アトラス］ガイドブック

2020年6月5日　初版発行

発行者　野村久一郎

発行所　株式会社 清水書院

〒102-0072　東京都千代田区飯田橋 3-11-6

電話：(03)5213-7151

振替口座　00130-3-5283

印刷所　株式会社 三秀舎

Printed in Japan　ISBN978-4-389-50117-4